伴随青少年成长的人生智慧

巴菲特给青少年的忠告

胡 斌◎编著

BafeiTe Gei QingShaoNian De ZhongGao

让巴菲特的故事，为青少年的人生点燃一盏明灯！

巴菲特作为股神，有神机妙算的商业头脑
巴菲特作为讲师，有引人深思的独到见解
巴菲特作为父亲，有新奇前卫的教育理念

中国纺织出版社

内 容 提 要

巴菲特不仅是闻名遐迩的股神,更是一位成功的家庭教育家和青少年的榜样,本书借由他的名言和他告诉三个孩子的忠告,以及巴菲特的成长、成功的经验,阐释青少年应该及早具备的各种素质。

本书共分为十六章,全面讲述了巴菲特给予青少年的成长忠告,从生活细节、学习理念、学习方法、人生态度等,逐级深入到金钱观、人生观、价值观等,告诉年轻人如何面对人生的种种挑战,慢慢培养自己成为一个出色的人。

图书在版编目(CIP)数据

巴菲特给青少年的忠告/ 胡斌编著.—北京:中国纺织出版社,2013.1 (2024.4重印)

ISBN 978-7-5064-9176-1

Ⅰ.①巴… Ⅱ.①胡… Ⅲ.①人生哲学—青年读物 ②人生哲学—少年读物 Ⅳ.①B821-49

中国版本图书馆 CIP 数据核字(2012)第 223047 号

策划编辑:闫 星　　责任编辑:曲小月　　责任印制:储志伟

中国纺织出版社出版发行

地址:北京东直门南大街 6 号　邮政编码:100027

邮购电话:010—64168110　传真:010—64168231

http://www.c-textilep.com

E-mail:faxing@c-textilep.com

北京兰星球彩色印刷有限公司印刷　各地新华书店经销

2013 年 1 月第 1 版　2024 年 4 月第 2 次印刷

开本:710×1000　1/16　印张:15.5

字数:187 千字　定价:75.00 元

前言

2008年3月6日,《福布斯》杂志发布的全球富豪榜上,他取代了在该位置坐了13年之久的比尔·盖茨,成为新的全球首富;2008年6月29日,赤子之心中国成长投资基金的创办人赵丹阳以211万美元的天价,竞拍到与他共进晚餐的一次机会……

2010年7月,他公开宣布要将超过99%的财产在有生之年或临危之际捐给慈善机构,而他的子女只能得到他1%的财产。之后,他又与盖茨夫妇一起游说世界各地的亿万富豪,希望他们承诺至少捐出50%的个人财产给慈善事业,为穷人做出更多贡献……

在崇尚财富、成功和知识的美国,他被誉为"股神"、"奥马哈圣贤"、"投资奇才""除了父亲之外最值得尊敬的男人"……他在证券市场上的一举一动,都会成为华尔街关注的焦点。他买哪个公司的股票,哪个公司的身价就会狂升几倍;他抛售哪个公司的股票,哪个公司就有可能因此而破产;他的投资理念充斥于报纸、电视、网络和书店等各个领域,被股民视为金科玉律般顶礼膜拜……

他,就是伯克希尔·哈撒韦公司的董事长,"股神"巴菲特。

巴菲特的才华,众人钦佩;巴菲特的善良,有目共睹;巴菲特的成功,带着神秘与传奇,也带给青少年们新的思考。当代青少年整日埋头苦读,迷茫、彷徨却又一心想追求个人价值,他们需要有人能给予指导，需要为自己的人生确立一个榜样。从巴菲特身上，青少年可以了解什么才是工作的终极意义，弄清楚什么才是成功的标准，看到前方的希望和光明，寻觅到许多超凡的智慧。

走近巴菲特，青少年朋友为他的智慧所折服；了解巴菲特，可以更真切地感受一个传奇人物的真实生活；感受巴菲特，明白他为什么会成功，为什么会成为叱咤风云的时代巨人。

本书结合巴菲特的传奇事迹，展现巴菲特如何一次又一次抓住机会，在投资领域大显身手，以及他如何用心经营亲情和友情，多方位为青少年呈现一个全面、立体且真实的"股神"。本书还为青少年剖析了巴菲特成长的经历，让孩子从中悟出不凡的人生哲理，引导内心健康成长，逐渐成熟，最终拥有非凡的成就。

编著者

2012 年 6 月

上篇　塑造最好的自己

下篇 锻炼卓越的能力

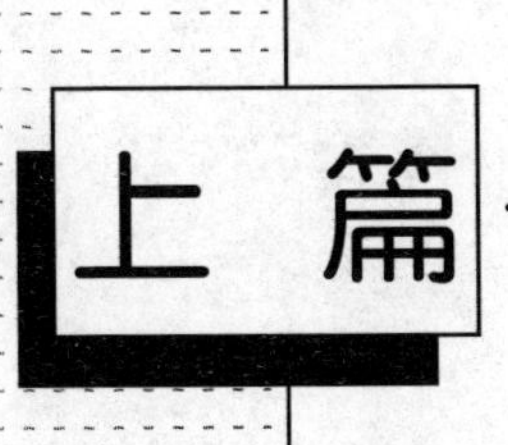

上篇 塑造最好的自己

乐熟积极，心态决定一切

受伤时的心情，失败时的情绪，受挫时的心理，无一不是心态的表现，也是决定你能否登上成功巅峰的关键因素。青少年朋友们，无论是在学习还是在生活中，都应保持良好的心态，以最佳状态面对挑战。

坏事的尾声往往是好事的开端

“我生命中发生的每一件当时认为是毁灭性的事件,最终都被证明是在朝好的方向发展。”

1950 年夏天,19 岁的巴菲特向哈佛商学院提出了就读申请,他坐火车来到芝加哥,接受校方的面试。可是,那位对巴菲特进行面试的人显然是个自视甚高的人,他见巴菲特只有 19 岁,仅谈了 10 分钟,就建议他一两年之后再来报考,将巴菲特打入失望的谷底。

大家可想而知,刚被哈佛大学拒绝的那段时间,巴菲特十分消沉。不过,他很快意识到,哥伦比亚大学也是个不错的选择,于是巴菲特转而申请哥伦比亚大学商学院,并立刻获准入学,并于 1951 年毕业。

挫折或许意味着黑暗甚至毁灭,可漫漫人生路上,我们不可能总有雨露的滋润和阳光的照耀。挫折在所难免,它是构成人生的必然因素。既然避无可避,唯一能做的,就是勇敢面对。

挫折真有那么可怕吗?坚强说:“挫折是山,翻过它,就可以看见成功的大海。”勇敢说:“挫折是荆棘,拿出胆量劈开它,面前会出现更广阔的道路。”胜利说:“挫折是海中的礁石,不遇见它,永远激不起成功的浪花。”其实,挫折并没有那么可怕,只要你将它看得很轻,它就是走过万丈深渊必经的桥,只要你有勇气前行,就能成功到达彼岸。

一位老人丢失了一匹马,可第二天那匹马却带回了一批良驹;一个年幼的女孩不小心跌断了手臂,可她却因此而分清了左右;今天无法逾越的障碍,可能就是明天幸福的基础。不要为一次小小的挫折而悲泣,因为今天的伤痛,或许就是未来的福音。

从前,有个印度国王,他有一位很能干的丞相,每当有什么重大的事情,他都会先听听丞相的真知灼见。

有一天，突然下起雨来，国王的外出计划受阻。国王便问身边的丞相："下了场大雨吗？"

"是！大雨一过，街道干净整洁，空气清新。国王您可以享受雨过天晴的美妙景物，又可深入民间巡视民情。"

国王听了很高兴。

有一次，国王在检查武器时，不小心拇指被武器斩断了一截。他赶忙告诉丞相："我的拇指被斩去了一段。"

"这是好事，国王陛下。"

国王听后，满腔怒气，认为丞相嘲笑他，便下令将他关了起来。

过了两天，国王外出打猎时，不小心迷路了。他被当地的食人族捉住了。晚上，食人族将国王绑在十字架上，准备用他祭祀神。

巫师准备祭礼时，他全面检查国王的身体，发现国王的手指有残缺，便不住地摇头叹息。原来，食人族只能用身体完整的猎物祭祀，而身体不完整的则被视为不祥之物，不能用来祭祀。所以，国王才有机会在夜里逃脱。

国王拣回一条性命，马上赶回到国都的监牢去拜见丞相。当他一见到丞相，便抱着这位"恩臣"哭了起来。

"现在我才知道为什么你说我的断指是件好事。它救了我一命，是我错怪了你，不该在牢里关你十多天！"

这对我来说也是件好事，国王陛下。

"为什么？"国王不明白。

"如果您不抓我进监牢，我一定会随您去打猎，也会一起被食人族抓去。您因为断指而保全了性命，但我必死无疑，因为我完整无缺啊！"

一时间，国王茅塞顿开，领悟了一个真理：坏事，不一定会导致坏的结果。

"祸兮福之所倚，福兮祸之所伏。"人生变幻莫测，在明天还没有展开之前，我们需要一点儿耐心，现在所谓的灾难有时并不像表面那么可怕。挫折，是成长必须付出的代价，只要你摆正自己的心态，失去可以令你收获更多。

乔治·萧伯纳认为："一个人承认的失败越多，他就越值得尊敬。"萧伯纳关于从失败中汲取经验的观点，后来逐渐得到美国的企业界人士的欣赏。据《纽约时报》调查，现在许多冒险投资商和猎头公司都更倾向于任用那些事业曾经经历过失败的经理人。因为，许多事实都证实：失败，这个曾经被认为是无能标志的表现，如今逐渐被人们重新认识。

英国著名政治家斯迈尔斯说："如果生活只是晴空日丽而没有阴雨笼罩，只有幸福而没有悲哀，只有欢乐而没有痛苦，那这样的生活根本就不是生活——至少不是人的生活。"谁都要经历一些挫折与磨难，只有经历了生活的考验之后，你才能成为全新的你，坚强、勇敢且对生活无所畏惧。曾经被摧毁了的意志，曾经一蹶不振的颓废，在浴火重生之后，成长为打不倒，压不垮的伟岸的灵魂。

当挫折迎面而来时，年轻单纯的你不能只看到表面的黑暗与丑陋。要学会用积极的心态看待人生的种种挫折考验。当灾难来临时，与其恐慌绝望，不如冷静应对，发现其中孕育的机遇，那你就可以抓准时机、成就大业，从此一鸣惊人；逃避只会扩大它的毁灭性，坚强面对，就有新的希望。

人生忠告：

生命对每个人都是公平的，今天你失去的，他日必将加倍补偿给你。所以，青少年朋友，不要为错过的后悔，不要将磨难视为灭顶之灾。揭开挫折表面丑陋的面纱，你会发现，里面孕育着珍珠般珍贵的财富。

1%的善良与感恩，撑起他人99%的世界

"剩下1%足够用，多花一点钱，既不会给我们增添快乐，也不会改善生

活；相反，其余 99% 可以对其他人的健康和福利产生巨大的影响。”

巴菲特的身家约为 460 亿美元，他是 2008 年《福布斯》全球富豪榜上最富有的人，这位在美国华尔街呼风唤雨的巨人，同时也是慈善事业的大力倡导者。2006 年 6 月 25 日，沃伦·巴菲特在纽约公共图书馆签署捐款意向书，正式决定向 5 个慈善基金会捐出其财富的 85%，约合 375 亿美元，这是世界历史上最大的一笔慈善捐款。

2010 年，巴菲特还公开向全世界承诺，会将自己家产的 99% 捐给慈善事业。他说：“剩下 1% 足够用，多花一点钱，既不会给我们增添快乐，也不会改善生活；相反，其余 99% 可以对其他人的健康和福利产生巨大的影响。”

巴菲特不仅身先力行，他还经常教育自己的孩子要怀有一颗慈善之心。在他写给子女的信中这样说道：“我想我很幸运，你们能用自己的时间和精力为身边的人做出贡献。”

“人之初，性本善。”每个人来到这个世界时都带着一颗纯情的善良之心。只是，经历了人间的沧桑之后，有的人将这种天性遗忘了，有的人却小心地为善良之花浇水、施肥，直至开出灿烂美丽的花朵。

一个心怀慈善之心的年轻人，懂得以乐观积极的心态面对生活。当别人对他做了不好的事情，他不会记在心上，因为他知道，冤冤相报何时了，生气是拿别人的错误惩罚自己。他不会整日想着如何还以颜色，而是忘却伤痛，原谅那个曾经对他造成伤害的人。

一个心怀慈善之心的年轻人，幸福会接踵而来。善良的灰姑娘不会永远在厨房里洗衣做饭，她会得到一双属于自己的玻璃鞋，找到舞会上等待她的王子；善良的丑小鸭，经历了冬天的严寒之后，终于在春暖花开之际，变成美丽的白天鹅，成为美丽的代名词。懂得善待他人的人，必定会得到他人的善待。

一颗善良之心，是父母送给孩子最宝贵的财富之一。拥有善良的宝藏，孩子无论在哪儿，都能发光发热，成为最受欢迎的人。爱是可以传染的，好人有好报永远都是亘古不变的真理。当你向别人施以慈爱之心时，对方也一定会对你报以感激的微笑。

年少时的哈德是个穷苦的孩子,为了赚上学的学费,他必须每天挨家挨户地推销货品。生活的艰辛让哈德觉得命运不公平,他常想:为什么我还要坚持呢?我干脆也去大街上乞讨吧,那样生活会轻松很多。

这天,哈德辛苦了一天,遭受了无数白眼,却一件货品也没有卖出去。晚上,他肚子很饿,但口袋却是空的。当敲响下一家的门时,哈德决定要顿饭吃。

门开了,他看到一位妇人微笑,哈德失去了乞讨的勇气。他没敢讨饭,只要了一杯水喝。妇人看出他很饿,于是为他端出一大杯牛奶。饥饿的哈德一扫而光,然后问:"我应该付给您多少钱?"

妇人笑着说:"你不欠我一分钱,母亲告诉我,不要为善事要求回报。"哈德的心被深深地震撼了,谢过这个妇人之后,走在回家的路上,哈德觉得自己浑身都是力气,他那颗几乎对生活绝望的心,又燃起了新的希望。

许多年后,那位妇人患了一种很奇怪的病,家人把她送到大都市里,希望她能得到更好的治疗。当主治医生看到妇人时,眼中流露出了惊讶的光辉。

妇人的主治医生很敬业,日日询问她的状况,夜夜研究她的病情。经过漫长的活疗之后,妇人起死回生,战胜了病魔。

当护士将账单拿给妇人时,她显得心事重重。为了治好自己的病,家里已经花尽了所有的积蓄,现在又有一笔庞大的医疗费用,她该怎么办呢?当她小心翼翼地打开账单之后,眼睛湿润了,因为账单上写着这样一句话:一杯牛奶已足以付清全部的医药费!签署人:哈德医生。

一杯牛奶,对这位妇人来说真的是微不足道的,可对于当时窘困交迫的哈德来说,无疑是雪中送炭,意义非凡。种善因,必有善果,当初的举手之劳,竟解决了妇人日后的大难题。所谓"滴水之恩,当涌泉相报。"你以善待人,他人也必以善回应。

生活中总会时不时出现对我们展开善良翅膀的人,他对我们微笑,帮我

们擦拭伤口，向我们伸出援助之手。静下心来，想想那些曾经帮助过我们的人，想想自己受人恩惠时那种感动的心情，这样你就不会吝啬自己的慈善之心，竭尽全力帮助那些即使不曾相识，却需要有人扶一把的人。

人生忠告：

善良是人世间最美好的品质，它能净化他人的心，让你的人生闪闪发光。就像歌中唱得那样："只要人人都献出一点爱，世界将变成美好的人间。"只要有爱，你会慢慢地被幸福包围；只要永怀一颗慈善之心，你可以收获整个世界。

敢于放手今天，才能抓住明天

"我从不打算在买入股票的次日就赚钱，我买入股票时，总是假设明天交易所就会关门，5 年之后才又重新打开，恢复交易。"

1956 年，巴菲特和一些朋友成立了巴菲特合伙公司，他是公司的管理者。到 1969 年时，巴菲特合伙公司已拥有 1 亿美元的资产，平均年增长率为 30%；巴菲特的个人资产也达到了 2000 万美元。

就在巴菲特合伙公司的事业如日中天时，他做了一个令人震惊的决定，那就是解散经营得非常成功的合伙公司。因为他已经厌倦了作为合伙公司的领导者带来的压力，更重要的是，他不再需要用别人的钱来进行投资了。

之后，巴菲特创办了伯克希尔·哈撒韦公司，并将其打造成世界著名的保险和多元化投资集团，而巴菲特本人也因此成为世界首富。

正如人们所说："人握拳而来，撒手而去，先是一件件索取，后又一件件丢弃。"人生在世，我们总是想拼命抓住一些东西，却不知道，有些东西就像海绵里的水，你握得越紧，它流失得越快；张开手，它反而能保存更长时间。我们在放弃的同时，其实正是获得一些东西。

从前,有三个要好的朋友,一个非常有钱,一个酷爱读书,另一个是有名的智者。他们想到另一个地方闯闯,于是决定一起出海远行。

他们坐在一艘不大不小的船上,有钱人带了一大笔金银珠宝,以便到了目的地能拥有好的开始;读书人带了一大捆书,为了在船上不寂寞;而智者什么也没带。

路上他们遇到了暴风雨,船主要求他们把东西扔掉点,否则船会下沉。有钱人不舍得自己的金银财宝,就让读书人把书都扔了;而读书人也不舍得自己心爱的书,要求有钱人把财宝都扔了。

智者对他俩说:"有钱人,好好想想当初你是怎么白手起家的,保全了性命,一切可以从头再来。况且这只是你财物的一部分,不是吗?读书人,你读了那么多书,书的内容都在你的脑海里,用这些书换你一条命,有什么好犹豫的?"

有钱人听后,把财物都扔了,读书人把书也扔了。他们顺利地到达了目的地,正如智者所言,有钱人白手起家,而读书人则当上了私塾的老师。

生活中,不好的遭遇有时会不期而至,使年龄尚轻的我们措手不及,这时要戒除焦躁性急的心理,安然地等待事情的转机,让自己对人生保持一种超然的心态。就算"鱼"与"熊掌"同等重要,在必须只取一种时,必然要果决地舍弃。因为贪婪地想拥有一切,只会令你失去一切。

苦苦挽留夕阳,是傻人;久久感伤春光,是蠢人;舍不得家庭的温馨,就会羁绊启程的脚步;迷恋手中的鲜花,很可能耽误了美好的青春;什么也不放弃的人,往往会失去更珍贵的东西。放弃,可以轻装前进;放弃,可以摆脱烦恼,摆脱纠缠;放弃,可让整个身心沉浸到轻松悠闲的宁静中。

一位老人在行驶的火车上,不小心把刚买的新鞋弄掉了一只,旁人都为他惋惜。不料老人立即把第二只鞋从窗口扔了出去,这个举动让人大吃一惊。老人解释道:"剩下这只鞋无论多么昂贵,对我来说也没有用了,如果有谁捡到了一双鞋,说不定还能穿呢!"

人生有太多的人和事,在我们心中占据着十分重要的位置,我们舍不得，放不下，于是紧紧地抓着不放。可是，紧紧抓住就会拥有幸福吗？抓住或放弃，往往就在我们的一念之间，与其守着不完美的人和事，倒不如学学这位豁达的老人，快刀斩乱麻，及早放弃，让他人满足，也让自己释然。

普希金在一首诗中写道："一切都是暂时的，一切都会消逝。"放弃的时候，我们会有一种撕心裂肺的痛，可再痛的伤，也会随着时间的流逝而慢慢愈合，等到你的阅历足够丰富，思想到达一定高度时，你会发现，原来放弃是人生新的起点，只有彻底放弃过去，你才能全心地投入新的生活和工作。

放弃，并不一定意味着失去。放弃了一棵树，有可能收获整个森林；放弃了一株花，有可能收获整个花园，放弃了一时的盛名，有可能收获终生的成就。只是，放弃太难，也潜藏了太多的不确定性。面临这样重大的抉择，年轻人需要勇敢，需要不断地告诫自己：放弃，是为了更好地拥有。

人生忠告：

智者曰："两弊相衡取其轻，两利相权取其重。"放弃是生活中要清醒面对的选择，学会放弃，才能卸下人生的种种包袱，轻装上阵，经历风风雨雨，快速到达目的地。该放弃时就放弃，放弃后，你会看到天空的蔚蓝，感受到阳光的温暖；你就会闻到芳草的清香，听到动人的音乐；当你放弃的那一刻，你就找回了自己，找回了快乐。

日日雕琢，学习是伟大的信仰

成功，源于不断地学习。学习是一种品质，是一种态度，是支持你不断前进的动力。当学习成为一种信仰的时候，你每天都会进步一点点，每天都离成功更近一些，每天都变得更成熟、更富有魅力。

时间是最亲密的伙伴

“时间是杰出者的朋友，平庸者的敌人。”

2008年6月，“中国私募教父”赵丹阳，以211万美金的价格竞拍下了一次与巴菲特共进晚餐的机会，这次晚餐被称为“天价晚餐”。由此可见，股神巴菲特的时间是多么的宝贵啊！

在巴菲特大儿子霍华德的印象中，巴菲特不会使用剪草机，从未见过他修剪草坪、修整树篱或洗车。小时候，霍华德常常为此而生气，可长大一些后，他才意识到父亲的时间是非常宝贵的，他根本就没有时间做这些事。

巴菲特的以身作则，让霍华德了解到了时间的价值。在生活中，霍华德总是挤时间培养自己多方面的兴趣。投身农业之后，他说：“我需要时间来耕种我的农场和做其他一些事情。”

不止是霍华德，巴菲特的小儿子彼得也深受父亲的影响，将时间看作人生最重要的财富之一。19岁那年，彼得得到了一笔相对不多的财产，他没有将财产挥霍一空，也没有让它躺在账户里静静地睡觉，而是用它购买了比任何东西都更宝贵的东西：时间。

在巴菲特的帮助下，彼得做出预算，并搬到旧金山，成立了一家工作室，开始从事他的音乐事业。从此，彼得离开了斯坦福大学，用那笔财产购买走上音乐之路可能需要的时间。

有人说，人生最宝贵的两项资产，一是头脑，二是时间。无论你做什么事情，即使不用脑子，也要花费时间。时间是组成生命的核心因素，一个没有时间的人不再称之为人。

法国思想家伏尔泰曾出过一个意味深长的谜：“世界上哪样东西是最长也是最短的，是最快也是最慢的，是最不受重视的又是最值得惋惜的。没有

它，什么事情都做不成，它使一切渺小的东西归于消灭，也使一切伟大的东西生命不绝。”

在众说纷纭中，一位叫做查第格的智者猜出了答案，他说：“最长的莫过于时间，因为它永远无穷无尽；最短的也莫过于时间，因为它使许多人的计划都来不及完成；对于在等待的人，时间最慢；对于在享乐的人，时间最快；它可以无穷无尽地扩展，也可以无限地分割；当时谁都不加重视，过后谁都表示惋惜；没有时间，什么事情都做不成；时间可以将一切不值得后世纪念的人和事从人们的心中抹去，时间能让所有不平凡的人和事永垂青史。”

时间的价值，可以超越一切，怪不得那么多的人视时间为生命，宁可少吃一顿饭，少睡一会儿觉，也要抓紧时间做自己想做的事。时间可以让生命变得璀璨，也可以让生命变得平庸，珍惜时间，也就是珍惜自己的生命。

一些人，总是在无端地浪费时间，浪费生命。年轻时，总认为时间是最廉价的商品，大肆挥霍，等渐渐老去之后，才发现自己的时间已经不多了，可想做的事却还没有做。于是，他们开始向老天祈求，祈求再给自己多一点时间。即使认识到时间的紧迫，但抓不住效率的绳索，还是会被高效的社会和竞争甩出很远。

金钱可以买来健康，买来享受，但无法买来时间。人生在世，时间是有限的，我们无法预料今后的生命还有多长，唯一能做的，就是把握现在的分分秒秒，让时间见证我们此刻的光彩和丰功伟绩。

一天，爱迪生在实验室里工作，他递给助手一个没有上灯口的空玻璃灯泡，让他测量灯泡的容量，之后又开始低头工作。

过了好半天，他问：“容量多少？”他没听见回答，转头看见助手拿着软尺在测量灯泡的周长、斜度，并用测得的数字认真计算。

爱迪生走过去，拿起那个空灯泡，向里面斟满了水，交给助手，说：“里面的水倒在量杯里，马上告诉我它的容量。”

助手很快说出了数字。

爱迪生说：“这是多简单的测量方法啊，它既准确，又节省时间，你怎么会想不到呢？花大量的时间测量计算，那岂不是白白地浪费时间吗？”

助手羞愧地红了脸。

爱迪生喃喃地说：“人生太短暂了，太短暂了，要节省时间，多做事情啊！”

有些人，在最短的时间里做了最多的事，所以他们成了伟人，受万人敬仰；还有些人，每天虚度光阴，视时间为粪土，一生碌碌无为，无人知晓。这就是伟人与平庸之人的不同，也是生命价值的不同。

人生忠告：

从现在开始，每天做一件你想做的事；从现在开始，关心你身边的每一个人；从现在开始……人生总会有遗憾，但在对的时间做对的事，你的遗憾会少很多。

知识蕴含力量，用阅读武装自己

“如何决定一家企业的价值呢？更多阅读：我阅读所关注公司的年度报告，同时也阅读它竞争对手的年度报告。”

上中学的时候，巴菲特的人际关系很不好，因为一谈到他感兴趣的观点时，他就会与人展开辩论，甚至顽固地坚持自己的观点，不顾一切地争取获胜。后来，他阅读了卡耐基关于为人处世的书籍，并能够学以致用。在书中学习卡耐基为人处世的原则，让巴菲特变得擅长与人相处，擅长表达自己的观点，让别人容易理解他并接受他，还帮助他把事业做得更大。

有人说，巴菲特是天才，所以成为了股神。可即使是天才，也是需要知识的武装。在19岁之前，巴菲特已经把图书馆所有的金融投资书籍都读完了，把所有的发财致富书籍都研究过了。一直以来，巴菲特都是一个孜孜不倦的学生，勤奋钻研商业，在知识中汲取营养，他好像有两个脑袋，一个不停

地思考商业问题,从不睡觉;另一个用来处理公共政策问题,和朋友聊天、打桥牌或打高尔夫球。

每个人都说,巴菲特的工作是投资,但他本人却认为自己的工作是阅读。巴菲特嗜读大量年报,他要求年报直接寄到他的手上,而不要通过证券公司官僚化的邮寄过程,因为后者通常会慢上好几个礼拜。

英国著名哲学家培根说"知识就是力量"。知识可以改变命运,可以变许多不可能为可能。的确,看看我们四周,汽车在公路上的奔驰,高楼大厦在市中心的耸立,还有我们通话用的手机,娱乐用的电脑,这一切的一切,都是知识的结晶。

20 世纪 50 年代,钱学森在美国留学期满,准备回国。美国五角大楼海军军长丹尼尔说:"决不能放走钱学森,那些对我们来说至关重要的情况他知道得太多了,我宁可把这个家伙击毙了,也不许他离开美国!"他大声嚷道:"无论在哪里,他都抵得过五个师!"

假如不懂得地质学,人们就不会知道 960 万平方公里土地下的宝藏;不懂得信息科学,就会变成耳聋眼盲的现代人;不懂得基因科学,就不能克服遗传障碍,满足人类生存的需要。建设祖国需要知识,管理国家需要知识,规划人生也需要知识,我们生活的方方面面、每个角落,都有知识运用的痕迹。只有依靠知识,人类才能进步;只有依靠知识,人类才能实现自己的理想和抱负。

在孤儿院时,波恩受尽了欺凌,他暗暗发誓,今后一定要出人头地,绝不让别人再欺负自己。可是,生活的艰辛不是波恩想象的那么简单,尽管他很努力,但依旧是个无足轻重的小人物,谁都可以欺负的对象。

在人生最灰暗的时候,波恩在大街上看到了一群即将毕业的学生,听着他们对未来的憧憬,以及自己的理想和抱负。那一刻,波恩觉得:知识,拥有无穷的力量。

后来,波恩在一家修理厂找到了一份勉强可以糊口的工作。每天拖着疲惫的身子回到自己租住的地下室之后,他就借着微弱的灯光,认真阅读自己从旧书市场捡来的关于经济的书籍。

一点一点，一滴一滴，随着时间的积累，伯恩渐渐对经济学有了了解，他向朋友借钱开始投资股票。出乎意料地，波恩竟然小有所获，这给了他很大的信心，也让他有了更多读书的动力，而且阅读的范围也逐渐扩大，涉及管理和销售等各个领域。

靠着在股票上的收入，波恩逐渐摆脱了贫困的现状，并且有了一笔可观的积蓄，后来，还开了一家属于自己的公司。凭借自己丰富的知识和这些年在社会上的经验，公司的业绩蒸蒸日上，波恩也渐渐成了当地有名的企业家。

宇宙的知识，是无穷无尽的，我们穷尽一生，也不可能将其中的奥秘一一解开。可是，我们对某件事物的了解多一分，就能多驾驭它一点，生活也可以更加丰富一些。所以，我们无时无刻都不能忘记学习，时刻积累知识。

无论你从事什么职业，无论你身在何方，知识永远都是取之不尽的财富。生命需要知识灌溉，拥有知识，你的头脑就会变得灵活；拥有知识，你才有机会为自己争取更好的人生；拥有知识，你会变得自信且强大。

弗兰本斯 ·培根曾说过：“读史使人明智，读诗使人灵秀，演算使人精密，哲理使人深刻，伦理学使人有修养，逻辑学使人善辩。”不同的知识具有不同的作用，但无论是哪一种，都能使人进步，令人成长。有些人感叹自己的天资不够聪明，将自己的愚笨和无知归结在命运的不公上，可是却从不曾真正想过，是不是自己不够努力，所以才对很多事都一无所知。

人生忠告：

血气方刚的青少年，你是否对自己的状况不太满意，是否对现有的生活有诸多不满，不要抱怨生命的不公，因为每个人的生命都掌握在自己手中。如果你拥有丰富的知识，相信你终会遇到自己的伯乐，找到真正属于自己的位置。就在知识的海洋里尽情吸取营养吧，所学越多，你的人生就越有筹码。

选择喜欢的英雄,以英雄为标杆

“在生活中,如果你正确选择了你的英雄,你就是幸运的。我建议所有年轻人,尽你所能地挑选出几个英雄吧。”

巴菲特10岁时,按照家里的惯例,爸爸答应带他去东海岸的大城市纽约旅行一次,让他长长见识。这是巴菲特从小就梦寐以求的事情,他告诉爸爸,他想去看看全球最大的纽约股票交易所。

爸爸满足了巴菲特的愿望,还带他参观了证券公司高盛。进入那座城堡似的大厦,小巴菲特见到了高盛的最高决策者西德尼·温伯格。巴菲特的爸爸只不过是美国中部40万人口小城——奥巴哈的一个小股票经纪人,他也是第一次见到行业里的老大。可能是有缘,温伯格一见巴菲特就喜欢,所以接见了他们,还聊了半个小时。

西德尼·温伯格原来只是一个美国移民,一开始在高盛打杂,扫垃圾,倒痰盂,后来一步步奋斗成为高盛的“掌门人”。小巴菲特当时根本不知道温伯格的传奇经历,但他一进办公室,就发现墙上挂着美国总统林肯的亲笔信、林肯亲笔签署的文件及林肯本人的画像。从这些不寻常的物件中,巴菲特知道,自己面前的人,绝对是个大人物。

最后,小巴菲特和爸爸要告别时,温伯格拥抱他,问了一句:小巴菲特,你最看好哪支股票?

也许这位最大证券公司的大老板只是随意逗一下10岁的小孩,也许他一转眼就忘了这件事,但巴菲特说:“我一辈子都会记得。”

在小巴菲特心中,温伯格就是他心目中的英雄,他时刻以温伯格为榜样,希望自己有朝一日也能取得如此巨大的成绩。

有人说:“播撒一种思想,收获一种行为;播撒一种行为,收获一种习惯;

播撒一种习惯,收获一种性格;播撒一种性格,收获一种命运。”榜样是一种向上的力量,是一面镜子,是一面旗帜,是我们奋斗的目标和参照物。

马克·吐温说:“19 世纪有两位杰出人物,一个是拿破仑,另一个是海伦·凯勒。”绝望时,总有这样一句话在他耳畔响起:“海伦·凯勒身处绝境都没有放弃生命,你不过是经受一点小小的挫折,为什么想不开?”海伦·凯勒的故事流传了一代又一代,她的坚强、勇敢和不服输的个性,让黑暗中的人看到了希望,让彷徨中的人明白怎样做才是正确的。

当科学界所有权威都对镭的存在产生质疑时,居里夫人和她的丈夫坚持用 3 年零 9 个月,从成吨的矿渣中提炼出 0.1 克镭。当心爱的丈夫离世之后,居里夫人没有被打倒,而是勇敢站了起来,继续投身于丈夫和自己钟爱的科学事业中,并将镭这项全世界伟大的发现,无偿地奉献给了社会。居里夫人的故事激励了一代又一代的人,她让我们知道,什么是对真理的坚持,什么是真正的无私。

当青少年朋友有个好榜样的时候,会时时刻刻以榜样的标准要求自己。当他懒惰的时候,榜样会使他变得勤奋;当冲动让他迷失了理智的时候,榜样会让他冷静下来好好思考;当邪恶的念头窜上心头的时候,榜样让他回归善良的本性……为自己树立一个榜样,就会清楚地明白,什么是对,什么是错,什么事该做,什么事无论如何都不能做。

故事发生在纽约的一个居民小区里。

大家都把垃圾倒在巷口的那块空地上,日子长了,弄得满地狼藉。后来,环卫部门根据居民的建议,在这里放了个垃圾箱。从此,这里的卫生状况有了好转。可时间一长,问题就来了,垃圾箱周围又散乱地堆起了垃圾。到了夏天,蚊蝇成群,臭气扑鼻,令人不堪忍受。环卫部门想了各种办法,可状况却没有丝毫好转。

可是,过了一段时间,垃圾箱旁的卫生状况居然发生了奇迹般的转变,再没有人乱倒垃圾了,周围也再找不到一点儿垃圾。

这是怎么回事? 这和小区里新搬来的一个人有关,这个人不是政要,不

是名人,也不是卫生监督员,只是一个年届花甲的普通老人,而且是一位盲人。自从他和老伴儿搬过来之后,每天早晨他做的第一件事,就是出门走30米去倒垃圾。奇怪的是,他总能准确地把垃圾倒进垃圾箱里。

有人问他:“您双目失明,怎么能把垃圾倒进箱里?”

他答道:“开始也倒不准,时间长了,我心里就有数了。”

人们退而思之,叹服不已,好一个“我心里有数”。

其实人人心里都有数,盲人想得很简单,也很坚定,那就是垃圾是应该入箱的,否则就会弄脏了环境。所以他每天默默地数着脚步,一步一步,准确无误地将垃圾倒进去。

渐渐地,周围的居民受到老人的影响,也自动将垃圾扔进垃圾箱里,卫生状况自然也有了好转。

榜样的力量是无穷的,它能达到法律或武力等无法达到的效果。如果年轻人认准了一个目标,就在这个领域寻找一个自己敬佩的人作为榜样。走榜样走过的路,做榜样做过的事,这样,你也会越来越接近成功。

人生忠告:

榜样是人生的坐标,是事业成功的向导,青少年要学会选择正确的人生榜样,并敢于向他们看齐,用毕生的精力去追求,而不是与那些终日浑浑噩噩且一事无成的人为伍。

生活要过得精彩,年轻人应该好好思索一下,在人生道路上,我们应该选择什么样的榜样?我们又应该怎样向他们学习?

至情至性，你的情绪尽在掌握

人不会没有情绪，就如同人不会没有影子一样。情绪调节之于心理健康，犹如免疫调节之于身体健康，为人们维持和促进心理健康提供了一道强有力的屏障。众所周知，青少年时期正处于“多梦”的年龄阶段，他们所具有的情绪控制与调节能力，对其心理健康的影响将是长期和深远的，并扮演着越来越重要的角色，这就要求青少年必须认识、理解和掌握相关的情绪调节策略。

乐观有时并不是好事

“乐观主义是理性投资者的大敌。”

对大部分人而言,乐观是一种难得的高贵品质,是战胜困难的一种心态。尽管生活中的巴菲特也十分乐观,但在投资的领域,他从来都不允许自己如此。在做每一个决定之前,巴菲特都会做好迎接最坏结果的准备,而不是盲目的乐观,因为这种乐观会影响一个人做出错误或不理智的判断。

自古以来,乐观就被当作一种美好的品质被人们、称赞。的确,乐观可以让年轻人在绝望中看到希望,可以在黑暗中看到希望。没有理性分析与判断,一味的盲目乐观,只是一种幼稚和无知的表现。

洛丽塔从小就是个乐天派,可是她的性格却让亲人朋友感到头疼,也为她带来很多麻烦。

每次考试之前,所有小朋友都在家里好好复习功课,只有洛丽塔一个人在街上玩耍。父母告诫她要好好学习,否则考试肯定会不及格。洛丽塔总是很乐观地告诉爸爸妈妈:“也许明天考试的题目恰巧就是我会的那些题目呢!”

有一次,洛丽塔一个人在山上玩,不小心扭伤了脚,洛丽塔心想:也许一会儿有人到山上玩,正好能发现我呢。所以也没有积极地想办法自救。可是,太阳都落山了,却还是没有人经过这里,直到深夜时,她的爸爸妈妈才在山中找到了冻得瑟瑟发抖的洛丽塔。

上大学时,洛丽塔迷上了股票,她将自己一个学期的生活费都压在了一支股票上,当这支股票的价格急剧下跌时,洛丽塔暗想:也许股票会一夜之间飞涨呢。可是,这支烂到了极点的股票并没有如她期望的那样一夜飞涨,而是赔掉了她所有的生活费。

无论何时何地,洛丽塔总是十分盲目乐观地看待所有事情,可是事情大多没有按照她期望的方向发展,她也因此错失了很多大好机会。

我们总是容易忽视事物阴暗的一面,只注意事情光彩艳丽的一面。盲目乐观的思维模式使我们渐渐远离了现实,这种自欺欺人会让人看不清现实,以至于危险来临时,仍茫然不知。无数事实证明,成功的奥秘在于勇于面对现实,能够面对现实的人,眼睛里容不得一粒沙子,一旦发现了问题,就会迫不及待地改进。

詹姆斯想买房屋贷款保险,但是妻子不同意,理由是要支付的保险费太高。为此,他和妻子爆发了一次激烈的争吵。最后,詹姆斯向他的妻子屈服了,关于房屋贷款保险的问题再也没有被提起过。

半年后,詹姆斯因为车祸去世了,撇下了妻子和孩子。妻子因为会失去住所而整日忧心忡忡。但没过几周,一个保险员来到家里,带给詹姆斯的妻子一张能够付清房屋贷款的支票及詹姆斯的一封信。

信中,詹姆斯这样写道:亲爱的,原谅我瞒着你偷偷购买了房屋贷款保险,我这样做并不是因为我悲观,而是因为世界上的事太难预料了,我必须为你和孩子做好最坏的打算。这样,即使意外真的发生了,你们的生活也不会没有保障,我也可以更安心一些。

相信所有年轻人都希望世界上的事情都可以朝自己期望的方向发展,可未来是个未知数,我们无法确定明天事态的发展是怎样。所以,行事之前,我们应该考虑到事情发展的最坏结果,即使不幸的事发生了,我们也有足够的能力去应对和解决。

可能有年轻人会说,一开始就做好最坏的打算,这不是对自己缺乏信心吗?事实上,做好最坏的打算,并不是没有信心的表现,更不会导致最坏的结果一定发生,这实际上是一种积极的人生态度。有了最全面的准备,年轻人的生活与工作才会更有底气、更有信心,对自己的命运也会有更多把握。

人生忠告:

人生是真实的,并不是主观的臆想。期待最好的结果,做好最坏的打算，这才是青少年该有的态度，无端期盼不可能发生的事情，这种梦想不可能成为现实。当你盲目乐观时，好好想想，你的乐观真有事实基础吗？事情真的会因为你的想法而发生改变吗？请收起你的盲目乐观，正视眼前的问题，积极寻求解决之道。否则，你的人生航迹就会偏离正确的轨道，离你所希望的幸福越来越远。

情绪的主宰者基础是自己

“你们必须能控制自己，别让你的感情影响了你的思维。”

在给公司股东的一封信中，巴菲特这样描述证券市场：他一个喜怒无常，患有躁狂抑郁症的家伙。他说：“我们必须留心：市场先生是来侍候你的，不是来指导你的。如果被他的情绪影响了，那将是灾难性的。”一个成功的投资者，必然是自身情绪的掌控者，如果动不动就被周围的人和事所影响，那就不能保持理智的思考，投资也必然会失败。

有一天，希腊大哲学家苏格拉底正在悠闲地散着步，忽然出现一位愤世嫉俗的青年，用棍子打了他一下就跑。苏格拉底的朋友看见了，要找那个家伙算账。但苏格拉底却拉住他，笑着说：“老朋友，你糊涂了，难道一头驴子踢你一脚，你也要还它一脚吗？”

当遭遇不公平的待遇时，你是否能像苏格拉底一样，以平和的心态调整自己的情绪呢？生气是拿别人的错误惩罚自己，因别人的过失而影响自己的心情，真的得不偿失。一个能控制不良情绪的人，比一个能攻下一座城池的人更强大。真正的智者，绝不会任由情绪在自己心中蔓延，然后独自品尝情绪失控的苦果。

看别人不顺眼，是自己修养不够；用嘴伤害别人，是最愚蠢的行为之一。人在愤怒的一瞬间，智商为零，清醒之后，才发现自己错的有多么离谱，然后

在后悔中不断地自责:“我到底做了什么?为什么在失去理智的那一刻,我不能克制一下呢?”

汤姆是一个脾气非常暴躁的孩子,他的父亲为了帮助他控制自己的情绪和行为,想出了一个办法。

这天,父亲把汤姆叫到一面篱笆前,对他说:“从今天开始,你每次发火后,就在这面篱笆上钉个钉子。”然后,父亲给了小汤姆一把锤子和许多钉子。

一周后,篱笆上钉了许多钉子。父亲又把汤姆叫到了篱笆前,说:“看看这些钉子,你知道你发过多少次脾气了吧!从现在开始,如果你一天不发脾气,就可以把篱笆上的取下来一个。”

第一天,汤姆坚持不住发火了;第二天,汤姆努力克制着没有发火;第三天,汤姆也成功地控制了自己的情绪。一个月后,篱笆上的钉子都 不见了。

那天晚上,父亲把汤姆叫到了篱笆前,对他说:“孩子,现在你已经学会了控制自己的脾气,这非常好。不过你看看,以前你发脾气的钉子虽然被拔走了,但是钉过痕迹还在,再也不可能恢复成以前的样子。也就说你生气时对别人造成的伤害,也像这些洞一样留在别人心上,不管你事后说多少对不起,那些伤痕都会永远存在。”

汤姆低头沉思了良久,从那以后,他再也不会对旁人无缘无故地乱发脾气了。

话说过了,就不可能收回;事做过了,不可能没有痕迹。情绪失控时,人很容易犯错,对自己珍视的人造成不必要的伤害。伤害造成之后,任你再怎样忏悔,都会在心底留下一个隐隐作痛的伤口,永远没办法弥补。

一位农场主雇了一个水管工,为他安装农舍的水管。水管工的运气很糟,第一天,因为车子的轮胎爆裂,耽误了1小时的工作;第二天电钻坏了;最后一天,开来的那辆老爷车趴了窝。

收工后,好心的农场主开车把水管工送回家,水管工也邀请雇主到屋内小坐。奇怪的是,到达门口时,满脸晦气的水管工并没有马上进门,而是伸出双手，抚摸门旁一棵小树的枝丫。

等到门打开时，水管工满脸的愁容立刻消失，取而代之的是满脸的轻松与愉快。他紧紧抱起了自己的两个孩子，并给迎上来的妻子一个温柔的吻。和谐的家庭气氛，其乐融融的画面，让人丝毫也感觉不出水管工回家前的烦躁。在家中，水管工喜气洋洋地招待农场主，并和家人讲述自己工作中的趣事。

农场主离开时，水管工出门相送。农场主按捺不住好奇心，问道："刚才你在门口时，为什么要抚摸小树的枝丫？而且你进门前后的反差好大啊！"水管工微笑地回答："那是我的'烦恼树'，我在外面工作，磕磕碰碰总是有的。可是烦恼不能带进家门，我不想我的太太和孩子为我担心。所以我就把烦恼挂在树上，让老天爷暂时管着，等到明天出门时再拿走。奇怪的是，等我第二天再到树前，'烦恼'大半都不见了。"

农场主立刻明白，原来水管工拥有排除心中烦恼的秘密武器啊！

坏情绪就像慢性毒药，会在体内会慢慢地蔓延，直至侵蚀人的整个心灵。生活中很多事都在我们的控制之外，躲不掉，也逃不开。我们唯一能做的就是调节情绪，让伤害到此为止。我们要像水管工一样，为恶劣的情绪寻找一个合适的出口，然后再以平和的心态，投入新的工作和生活中去。

不高兴时，听听音乐，心情得到了舒缓；郁闷时，看场电影，烦恼在笑声中烟消云散；烦躁时，找朋友聊聊天，倾诉之后心情得到平静。发泄情绪的方法有很多，不一定要采取伤害他人的方法。世界上没有什么大不了的事，退一步就能海阔天空，不必和自己过不去。

人生忠告：

是否能控制自己的情绪，取决于你的气度、涵养、胸怀和毅力。气度恢弘、心胸博大者才能做到遇事断然、无事超然、得意淡然、失意泰然。

如果你还在被情绪左右，还在为一些事耿耿于怀，那说明你心胸不够豁达，还需要将心放宽一些。一位诗人说：忧伤来了又去了，唯我内心的平静常在。就让所有的事，像诗人所说的那样去吧，只留一片平静在内心。

有时耐心等待会成交一笔大买卖

“如果你不愿意拥有一家公司10年，那就不要考虑拥有它10分钟。”

在巴菲特11岁时，他以每股38美元的价格果断地买进了三股城市设施优先股股票，还给姐姐多丽丝也买了三股。可是，城市设施股的股价不久就跌到了27美元，他也因此遭到了姐姐的埋怨。后来，股价又回升到了40美元，巴菲特赶紧抛出股票，结果，他的股票出手不久，股价就升到了200美元。通过这件事，巴菲特明白了耐心在投资中的重要性，而这也成为他日后投资成功的一个重要秘诀。

巴菲特投资的原则是，不要频频换手，直到有好的投资对象才出手。巴菲特说，他最喜欢持有一支股票的时间是永远，他可以长期持有一张股票几年甚至几十年，华盛顿邮报的股票，巴菲特一拿就是34年，共上涨了128倍，这中间不知经历过多少次的股海风波。股神的耐力，真值得我们好好学习。

在这个浮夸和瞬变的世界上，年轻人越来越失去了等待的耐心。几次追求自己心爱的女孩未果，于是选择了放弃，却不知道女孩正准备在你下次告白时接受你的心；在公交车站等了一会儿之后，还是没有看到公交车的影子，于是选择了打的，却不知道公交就在你坐上出租车的那一刻出现了。我们想要的结果，往往就在我们放弃的那一刻变成了事实，只要你再有一点点耐心，成功就唾手可及。

生命，其实就是一个等待的过程。在成功之前，我们需要在孤独、寂寞，甚至他人的冷嘲热讽中耐心地等待，待到时机成熟时，便一飞冲天，一鸣惊人。等待是人生必经的阶段，我们别无选择。能够坚持，你就是英雄；若不能，只能一生碌碌无为沦为平庸者。

全国著名的推销大师，在即将告别他的推销生涯时，准备进行人生的最后一次演讲。演讲当天，会场座无虚席，人们在热切且、焦急地等待着，这位当代最伟大的推销员会做出怎样精彩的演讲呢？

当大幕徐徐拉开时，观众看到舞台的正中央吊着一个巨大的铁球。紧接着，在人们热烈的掌声中，大师走了出来，站在铁架的一边。然后，两名工作人员抬着一把大铁锤，放在大师的面前。

这时，主持人对观众讲："请两位身体强壮的人，到台上来。"转眼间，已有两名身强体壮的年轻人跑到了台上。

大师对两名年轻人讲："请你们用这把大铁锤敲打那个吊着的铁球，直到使它荡起来。"

一个年轻人抢着拿起铁锤，拉开架势，抡起大锤，全力向吊着的铁球砸去。震耳的响声一次次响起，可吊球却一动不动。另一个人也不示弱，接过大铁锤把吊球打得丁当响，但依旧没有任何效果。

两个人相继失败之后，大师从上衣口袋里掏出一把小锤，面对着那个巨大的铁球，他用小锤对着铁球"咚"地敲了一下，然后停顿一下，再次用小锤"咚"地敲了一下，就这样一直重复着。人们奇怪地看着，不知道大师究竟想做什么。

10 分钟过去了，20 分钟过去了，会场早已开始骚动，有的人甚至叫嚷起来。大师好像根本没有听见人们在喊什么，继续一锤一停地进行着。人们开始愤然离去，会场上出现了大块大块的空缺。

大师进行到约 40 分钟的时候，坐在前面的一位妇女突然尖叫一声："球动了！"人们惊奇地发现，吊球在大师一锤一锤敲打中越荡越高，并发出巨大的声响。顿时，场上爆发出一阵阵热烈的掌声。

大师开始说话了，他的告别演讲只有一句话："在成功的道路上，你没有耐心去等待成功的到来，那么你只好用一生的时间去面对失败。"

生活中充满了变数，等待的过程是痛苦的。等待看似波澜不惊，却包含着翻江倒海、瞬息万变，它考验着人的意志和信心，消耗着我们的耐心。等待并不代表失败，只是时机还没有成熟而已。每个人在成功之前，都要经历

漫长的等待过程,这时需要,坚定立场,把心态放平和,努把力,加把劲,下一刻,你就能触摸到成功的微笑。

有一种叫屋梁松的松树,这种松树种子的外壳十分坚硬,只有经过高温才能脱落。屋梁松的种子在外壳还没有脱落时,它的世界是一片黑暗,但它并没有抱怨什么,仍然耐心的等待。在一次大火中,山上的其他动物和植物都死了,无一幸存,只有屋梁松种子脱落了外面那层坚硬的外壳,并很快长成了参天大树,成了废墟中第一个站起来的英雄。

智者利用等待来换取成功,愚人用等待作茧自缚;在等待中变革,获得更大的生命力;而傻瓜只会在等待中日渐消瘦,直至死亡;勇者在等待中历练自我,懦夫用等待逃避挑战;圣人把等待视为另一种前进,庸人却把等待看成停滞。要知道,等待可以成就一个人,也可以毁掉一个人,两者的区别就在于等待过程的点点滴滴之中。善于利用等待过程,就是善待你自己。

因为等待,江河奔流不息,波涛覆盖了整个海面,古木可以遮天蔽日;由于背弃了等待,泉水只能叮咚,浪花只有朵朵,野草只能丛丛而聚。在等待中积聚力量,厚积薄发,你就可以创造一个又一个奇迹,成就辉煌的一生。

人生忠告:

人生犹如一条狭长漆黑的小巷,我们穿行其中,所以不知道它的长度。走在这样一条寂寞的小巷里,必须要有足够的信心和耐心。毫无疑问,离巷子出口最近的地方,就是我们熬不下去、准备回头的地方。生命包含着等待,成功孕育于等待之中。不能等待,我们就永远找不到巷子的出口,永远无法到达生命的辉煌,成功的顶点。所以,青少年们要慢慢学习如何等待。

忽略让你不快乐的事

“如果坏事发生了,请忽略这件事。”

当生活遇到了不如意的事情，人容易变得失落，可作为一个优秀的领导者，良好的心态很重要。巴菲特不希望自己被生活中的不如意所牵绊，希望自己能够记住快乐的事，忘记不好的事，没有烦恼，没有压力地享受生活中所有的美好。所以，当不好的事情发生时，他会采取度假和看书等方式放松自己的心情，阻止坏情绪继续蔓延。

一些人，一些事，尽管已经过去，却纠结在心底，隐隐作痛。你拼命抓住那些令你受伤的过去，以为这样就能证明些什么。可实际上，你真正抓住的只是你自己，真正伤害的，也是你自己。不愉快的事，再耿耿于怀也无济于事，后悔只能增添烦恼，聪明人不会用过去百般折磨自己，而是选择将不好的事情抛之脑后，让一切随风而去。

其实，生活中有很多的事情根本就不需要牢记，如同事间的摩擦、邻里之间的细微纠纷、恋人间的情感波折及夫妻间的小小口角等，这些都是一些无心的伤害，大可不必放在心上。忘记了，明天又是一个新的开始；记住了，你的亲情、友情和爱情都会多一道裂痕。

从前有个老和尚带着小和尚出去化缘，他俩来到一条河边，没有船，只好蹚水过河。这时，一个年轻女子也要过河，老和尚让小和尚牵住他的衣襟，毫不犹豫背起年轻女子，蹚水过了河。

小和尚心里很不舒服：师父为什么会背那个女人？……他越想越生气，走了20多里之后，终于忍不住了，就问师父："你为什么背那名女子，不是男女授受不亲吗？"

师父说："那个女子我在河边就放下了，你怎么到现在还没放下？"

印度诗人泰戈尔说过："如果你为失去太阳而哭泣，那你也即将失去星星。"如果小和尚不执着于师父背女子过河的事，20多里的路上，他可以看到蝴蝶，可以看到鲜花，可以看到许许多多美丽的景色。可是，心里的阴影遮蔽了小和尚的眼睛，令他白白错过了路旁美丽的风景。

谁都不愿意不好的事情发生，可既然发生了，我们就要学会忽视它。忽视它，它才不会对你的将来产生阴影；忽视它，你才能轻装上阵；忽视它，你

才能一门心思做好以后的事。将不好的事放在心里,将来的某时某刻,当你无比幸福时,它会突然跳出来提醒你,让你重陷痛苦的牢笼。

皮埃尔和吉伯是好朋友,两个人一起到沙漠中去旅行。旅途中他们为了一件小事而争吵起来,吉伯还打了皮埃尔一记耳光。

皮埃尔觉得深受屈辱,一个人走到帐篷外,一言不发地在沙子上写下:"今天我的好朋友打了我一巴掌。"

他们继续往前走,一直走到一片绿洲,停下来喝水和洗澡。在河边,皮埃尔差点被淹死,幸好被吉伯救起来了。

被救之后,皮埃尔拿出了一把小剑,在石头上刻下:"今天我的好朋友救了我一命。"

吉伯好奇地问道:"为什么我打了你后,你要写在沙子上,而现在要刻在石头上呢?"

皮埃尔微笑着回答说:"当不好的事情发生时,要把它写在易忘的地方,风会抹掉它;相反,如果发生了好事,我们要把它刻在心底深处,那里任何风雨都不能磨灭它。"

生活就是由如意和不如意的事情组成的,记住如意的事,你的生活顺畅快乐,记住不如意的事,你的生活就会变得更不幸。所以,当不好的事情发生时,何不唱歌、跳舞、听音乐……让一切的不愉快在酣畅淋漓之后烟消云散呢?当所有不好的事都被你丢弃在发生的那一刻时,下一刻,就代表着幸福和快乐。

忘记失败的事,年轻人便能充满信心,勇敢地面对未来的挑战;忘记怨恨的事,年轻人就能摆脱报复的阴影,化干戈为玉帛;忘记痛苦的事,年轻人就能摆脱纠缠,让身心沉浸在悠闲无虑的宁静里;忘记遗憾的事,年轻人便能放下包袱,轻装上阵。学会忘记,是一种豁达的生活态度,是一种乐观的精神状态,从现在开始,尝试着遗忘吧!

人生忠告:

人的一生像一次长途跋涉,不停地行走,沿途会看到各种各样的风景,历经许许多多的坎坷，如果把所有事都牢记在心上，就会给自己增加很多额外的负担。阅历越丰富，压力就越大，还不如一路走来一路忘记，永远保持轻装上阵。为什么不让过去随风而去，为什么要让伤痛留下痕迹？该忘的，就忘了吧！

点滴累积，塑造令人欣赏的品格

一个人的一言一行、精神面貌，时时刻刻都在彰显他的内在。没有人愿意和没修养、没品位或没内涵的人有交集，也没有人愿意让人把自己当作白痴，心存鄙视，肆意侮辱。要让人高看一眼，就要从点点滴滴中修炼自己的内在，让自己成为别人心中敬仰、欣赏且值得尊重的人。

信誉是来之不易的财富

“要赢得好的声誉需要20年，而要毁掉它5分钟就够。如果明白了这一点，你做起事来就会不同了。”

国际知名调研机构 Harris Interactive 发布的美国最受尊敬企业调查报告显示，股神巴菲特旗下的伯克希尔公司排名第一。巴菲特对信誉的重视，全世界有目共睹，他曾在回忆录中这样写道：“如果让公司亏钱了，我还能理解，但是如果让公司名誉受损，那我将毫不留情。”

约了见面的时间，却有人迟到；说过的话，却不算数；到商店买东西，却担心上当受骗……曾几何时，信誉的重要性越来越被人们忽视，人和人之间，开始相互防备，相互猜疑。在这样的世界上生活，我们越来越小心翼翼，越来越觉得疲惫。

为什么世界会变成这个样子？那些不讲信誉的人经常这样为自己狡辩：现在的社会，到处都是欺诈，和人讲诚信，只会给别人陷害自己的机会。因为欺诈，所以你不相信我，我不相信你，这样尔虞我诈的生活，受伤的到底是谁？

信誉是一种无形的力量，它是一笔巨大的财富，也是连接友谊的五彩纽带。任何一个重信誉的人都能得到他人的尊重，顺境时会有人交，逆境中会有人扶。相反，一个不讲信誉的人，会在这个世界上慢慢变得孤立无援，直至走向生命的枯竭。

一个年轻人背着“健康”、“美貌”、“信誉、“机敏”、“才学”、“金钱”和“荣耀”七个背囊过河。到渡口的时候，船夫说：“船小负载重，你必须丢弃一个背囊才能到达对岸。”年轻人思索了一下，把“信誉”抛进了水里。

到了河对岸之后，小伙子靠金钱和才学拥有了自己的事业；凭着荣耀和

机敏,他睥睨商界,纵横无敌;而健康和美貌更是令他春风得意,娶得如花美妻。而当初被自己丢在河里的信誉,他早已忘得一干二净。多年来,他承包的建筑全是豆腐渣工程,欺骗朋友的资金用于贩卖毒品和军火走私,并背叛妻子,频频外遇。

要想人不知,除非己莫为,他的种种恶行,最终被揭发了。因为没有信誉,他失却荣耀、金钱、事业和爱情等一切,锒铛入狱。

话说,"信誉"被小伙子投弃到水里以后,被河水冲到了一个小岛上,它躺在沙滩上,希望路过的朋友可以允许它搭船。

"快乐"唱着欢快的歌曲,划着小船路过。"信誉"忙喊道:"快乐,快乐,我是信誉。你拉我回岸上可以吗?""快乐"一听,对"信誉"说:"不行啊,你看这社会上有多少人因为说实话而不快乐,对不起,我无能为力。"说罢,"快乐"走了。

过了一会儿,"地位"又来了,信誉忙喊道:"地位,地位,我是信誉。我想搭你的船回家可以吗?""地位"忙把船划远了,回头对"信誉"说:"不行啊,我的地位来之不易,有了信誉我岂不倒霉,连地位也难保啊!"

之后,"竞争"也来了,可它也不愿意让"信誉"搭船。就在信誉近乎要绝望时,一个慈祥的声音从远处传来:"孩子,上船吧!"一个白发苍苍的老者在船上掌着舵,说道:"我是时间老人。"

"您为什么会救我呢?""信誉"不解地问。

老人微笑着说:"因为只有时间才能证明信誉有多重要!"

在回去的路上,时间老人指着因翻船而落水的"快乐"、"地位"和"竞争",意味深长地说:"没有信誉,快乐不长久,地位是虚假的,竞争也会失败。"

各种优秀的品质中,信誉往往是最先被人抛弃的。可抛弃了信誉,你现在所拥有的一切,迟早都会离你而去。在信誉的背后,是一切美好事物存在的基础,丧失了这个基础,所有的一切都只是空谈,就连你手中拥有的,也终有一天会化为乌有。

有的年轻人说，讲信誉的人是傻瓜，因为信誉不能带给你任何好处。真的是这样吗？信誉或许不能给你带来一时的利益，但经过时间的沉淀，朋友、老板和顾客会看到你的好，久而久之，友情、事业、财富……所有好处都会接踵而来。

自我保护是人的天性。一个不讲信誉的人，或许能欺骗别人一两次，但到了第三次，再天衣无缝的谎言也只是徒劳。失去了信任的基础，别人会将你排挤在心门之外，你从此会失去朋友的关怀。没有了朋友，当你孤独的时候，谁人相伴？你受委屈的时候，谁人能听你倾诉？这样的人生，真的可悲至极。

没有信誉的员工，永远不可能成为公司的支柱。试想，有哪位老板敢将重要的任务交给一个没有信誉的员工？失去了老板的倚重，在公司还有什么前途可言？公司需要的是可以令人放心，工作安全可靠的栋梁，不是一个随时会断送公司前途的人。

一个企业失去了信誉，就失去了生存的基础。顾客花钱买的是物有所值，如果商品不能达到承诺的标准，那他们自然会去寻找令人满意的商家。更何况，口碑的力量是无穷的，在人们的闲谈之中，在企业与企业的贸易往来当中，没有信誉的企业，很快就会成为众矢之的。没有顾客的光顾，没有同行的支持，这种企业的结局只有一个，那就是破产。

人生忠告：

讲信誉，重诚信，是一个人安身立命的基础。一个讲信誉的年轻人，无论走到哪里都会受欢迎。拥有信誉的人生，是闪闪发亮的；没有信誉的人生，是暗淡无光的。信誉，可以铸造人世间一切美好，可以让年轻的生命之树，开出最美丽的花朵。

节俭，让每个人都能成为富翁

“如果你想知道我为什么能超过比尔·盖茨，我可以告诉你，是因为我花的少，这是对我节俭的一种奖赏。”

巴菲特不爱抛头露面，不喜欢张扬个性，生活方式保持低调。他把他的生活准则描述为简单、传统和节俭。

巴菲特崇尚节俭，他住的房子是几十年前盖的老房子，汽车是普通的美国车，而且开了10年之后又交给秘书继续使用。他经常吃快餐，喝可乐。在他的私人物品中，几乎没有任何奢侈消费品，甚至连手机费、上网费、房地产税、房屋修缮费等，他都会尽量控制并减少。

有一次，巴菲特的女儿苏茜和妈妈去逛商场，苏茜说：“咱们给爸爸买一套新衣服吧，爸爸那套穿了30年的衣服我们都看烦了。”于是，苏茜为巴菲特买了一件驼绒的运动夹克，一件蓝色的运动夹克。可是，苏茜的好心显然违背了巴菲特节俭的原则。他说：“我有一件驼绒的运动夹克和一件蓝色的运动夹克了。”然后，他十分严肃地让苏茜把新买来的衣服退掉。

俄罗斯的年轻富豪，可以一下子买几艘游艇，可为什么富可敌国的巴菲特却不肯买两件衣服呢？为什么股神仅有赚钱的兴趣，却没有随之而来的消费激情呢？他的投资理念对很多人来说是《圣经》，而花钱哲学却是《天书》。

其实，巴菲特的行为并不代表他吝啬，从他捐出自己全部财产的99%这一壮举，我们就能可窥一斑，他只是觉得没有必要过那种奢侈的生活，在他眼中，成功和生活之间并不是等号，能够这样简单生活，他就很满足了。

现在的孩子往往不知道节俭为何物，他们随心所欲地在商场里大肆挥霍，为了在他人面前摆阔而一掷千金。他们追求物质享受，可物质生活丰富之后，却没有得到自己想要的满足和欣慰。真正有品质的生活不是用金钱来衡量的，而是靠精神世界的丰富来填充的。

不要以为自己有一辈子取之不尽的财富，人生有很多的未知数，或许你现在很富有，可即使是百万富翁，也可能在顷刻之间变得一无所有。所以，做人应该未雨绸缪，在生活的点点滴滴中学会节俭，更早地为明天打算，而不是等到来不及的时候，才为昨天的挥霍懊悔万分。

财富确实可以做很多有意义的事情，将零钱施舍给路边的乞丐，即使不多，他们也会记得你的恩惠；把你的积蓄暂时借给好友，他会相信友情的力量，确实可以温暖人心。如果你很富有，不如学学巴菲特，用它帮助更多需要帮助的人，毕竟，个人的一时享受，不比他人的一顿温饱更有意义。

英国女王伊丽莎白二世经常说："节约便士，英镑自来"。每天深夜时，她都会亲自熄灭白金汉宫小厅堂和走廊的灯，并坚持牙膏要挤到一点不剩。每逢圣诞节，女王送给家人的圣诞礼物价格都不超过50英镑(1英镑约合14.35人民币)，还将每年包过圣诞礼物的包装纸保存起来以备来年再用。

瑞士是世界上最富裕的国家之一，但瑞士人却非常节约，他们不买奔驰或林肯，而坐普及型的丰田和雪铁龙；他们生产劳力士，自己却戴普通表；若在餐馆点菜太多，超出了胃的承受能力，店方不是给你优惠，而是罚款……

节俭是人之美德，公司的优良传统。节俭经营，可以令事业进入良性循环的轨道；节俭生活，可以令家庭无后顾之忧；节俭行事，可以使人变得更睿智。财富买不到真情，买不到能力，也买不到智慧，不要以为大富大贵才是福，实际上，平平淡淡才是真。

著名的船商、银行家出身的斯图亚特曾有一句名言："在经营中，每节约一分钱，就会使利润增加一分，节约与利润是成正比的。"

也许是银行家出身的缘故，他对于控制成本和费用特别重视。他一直坚持不让他的船长耗费公司一分钱，他也不允许管理技术的工作负责人直接向船坞支付修理费用，原因是"他们没有钱财意识"。因此，水手们称他是一个"十分讨厌且吝啬的人"。直到他建立了庞大的商业王国，他的这种节

约的习惯仍保留着。

一位在他身边服务多年的高级职员回忆说在我为他服务的日子里，他交给我的办事指示都用手写的条子传达。他用来写这些条子的白纸，都是纸质粗劣的信纸，而且写一张一行的窄条子，他会把写好字的纸撕成一张张条子送出去，这样的话，一张信纸大小的白纸也可以写三四条‘最高指示’。一张只用了 1/5 的白纸，不应把其余部分浪费，这就是他“能省则省”的原则。

精打细算是商人创业的必备条件。创业难，守业更难，我们常见一些人，稍有成就便开始享受，没过多久，又回到当初的穷苦。节俭是一种智慧，懂得节俭的人，知道成功来之不易，他们会居安思危，即使在事业的上升期，也会不断积累财富。

节约更是一种责任。对家而言，节约一粒米、一滴水，是对幸福生活的规划；对社会而言，节约一张纸、一度电，表现出人们对人与自然关系的重新认识。当这种责任成为习惯，每个一乘以 13 亿、乘以 60 亿时，这种责任就更有了无限的价值。

节约是种美德，代表着对人的尊重。简单的食物，也是别人辛苦劳动的结晶，浪费是对他人劳动的不尊重。一个不懂得尊敬他人的人，也不值得他人尊敬，对这样的人，社会鄙视，人们厌弃。

人生忠告：

“山不在高，有仙则名。水不在深，有龙则灵。斯是陋室，唯吾德馨。”在刘禹锡的《陋室铭》中，我们真切地感受到了生活的真谛。节俭的生活是美丽的，这并不是对自己的吝啬，而是另一种更高追求的精神享受。在平平淡淡的节俭生活中，你会发现，生活原来是这样美好。

绽放最高贵的花朵——正直

“正直，勤奋，活力。而且，如果不拥有第一品质，其余两个将毁灭你。对此你要深思，这一点千真万确。”

巴菲特曾给所有员工写过一封信，要求大家将所有违反法律和道德的事情都上报给他，为此他还专门留下了自己家里的电话。在这封公开信中，巴菲特这样说道：

华尔街的投资者说：“如果巴菲特也会遭遇丑闻，那么还有稍微让人放心的人吗?”在业内人士眼中，巴菲特不仅是备受推崇的“股神”，更以“严谨”和“正直”被誉为美国金融界的楷模。他遵守法规，痛恨丑闻，一直站在丑闻的对立面，俨然是正义的化身。

卢梭说：“为人善良与正直才最光荣。”高尔基说“走正直诚实的生活道路，必定会有一个问心无愧的归宿。”正直可以为人们带来很多，如友谊、信任、钦佩和尊重。做人最基本的一条准则就是正直，说真话，做实事，不违背自己的良心。

正直的人，不谋私，不贪利，不文过饰非，不偷奸耍滑，不阿谀奉承，不溜须拍马，不阳奉阴违，平等待人，公正处事；正直的人，有一说一，有二说二，该说的就说，该做的就做，说的都是真话，做的都是正事；正直的人，坚守自己的原则，无论他人如何威胁利诱，也绝不妥协。堂堂正正做人，公公正正做事，是人的立身之本，处事之基，做人就要做正直之人，以浩然正气换一世英名。

阿休斯被公司派到一个小镇上出差，晚上在旅店安顿好之后，他很快睡着了。半夜时，阿休斯突然醒来，之后无论如何也不能入睡。他想抽根烟，可在衣兜里摸了个遍，却连一根也没有。于是，阿休斯决定去商店买盒烟。

走过两个街道之后，阿休斯如愿买到了香烟，可就在他回旅店的途中，一件惨不忍睹的命案发生了。阿休斯亲眼看到一个男人将刀插进了一个女人的胸膛里，并且他清清楚楚地看到了那个男人的脸。

警察赶到时，杀人凶手逃走了。警察请阿休斯协助调查，根据阿休斯的回忆，警察找到了杀人凶手，并将他拘留。

很快地，法庭对这件谋杀案开始审理，阿休斯作为最重要的证人要上庭指正那个杀人犯。可就在他上庭前的1小时，他收到了一张神秘的字条，上面写道：如果你出庭指正，你孩子就没命了。

看完字条后，阿休斯的第一反应就是给家里打电话，妻子告诉他，孩子失踪了。站在法庭上，看着那位受害女子的家人泣不成声，阿休斯两难抉择，一边是自己的良心，一边是自己孩子的性命。

当法官向阿休斯问问题时，法庭上一片安静，每个人都在屏住呼吸等待阿休斯的答案，好像过了一个世纪之久，阿休斯终于说话了，他以铿锵有力的声音描述了当晚自己看到的一切，并明确指出被告就是那晚的杀人犯。同时，阿休斯也将字条交给法庭，又以绑架罪控告他，全场顿时一片哗然。

看过字条后，法官问阿休斯："你为什么愿意指正他，难道你不怕他真的伤害你的孩子吗？"

阿休斯坚定地说："因为上帝告诉我，要做一个正直的人。"

一个正直的人，有时难免成为他人打击报复的对象。坏人为达目的，会不惜一切手段对付你。这时，你的正直可能会伤害到你的至亲之人。在感情和正义的抉择中，你能否像阿休斯那样，抛弃个人感情，做一个纯粹的正直的人呢？

"大雪压青松，青松挺且直。要知松高洁，待到雪化时。"这首诗正是对坚持正直品质者的不朽赞歌和真实写照。风雪寒霜的艰险困苦，在正直者看来不是磨难和打击，而是可以练就坚强性格的冶炉。真正正直者，即使面临生命的威胁，也绝不妥协。

有的年轻人说，做正直的人太难、太傻、太苦，所以他们放弃了原本的立场，选择了沦落。做官者选择贪污，经商者选择欺骗，无权无势者，选择偷窃、抢劫和敲诈。这样的人即使拥有权势、财富和地位，可流淌着不干净的血，如何能坦然面对自己的良心？

在1972年美国总统大选中，尼克松为了获取民主党内部竞选策略情报，派人在民主党全国委员会办公室安装了窃听器，由此引发了美国历史上最不光彩的政治丑闻——水门事件。水门事件后，尼克松被迫辞去总统一职，一时间，国内外谩骂声一片，其子女也因为这件事受到了牵连。“夜路走多了，总是会遇到鬼。”采用卑鄙手段的人，可能会一时风光，可能会暂时逃避了法律的制裁，可天理昭昭，一切自有公论。

人生忠告：

罗兰说：“能保有着高贵与正直，即使在财富地位上没有大收获，内心也是快乐和满足的。”正直的年轻人也许与富贵无缘，但他明镜般的心是透明的，是平静的，是豁达的。人生在世，最重要的是站得直，走得正。采用卑鄙手段的人总有一天会遭人唾弃，众叛亲离；正直的年轻人，会像磁铁一样，将所有爱和正义的力量紧紧吸引在自己身边。

尊重，让身边多了更多支持者

“任何一位涉及复杂工作的人都需要同事。”

人和人相处难免会有摩擦，巴菲特的小儿子彼得就曾为一件小事，和乐队的同事大发脾气。巴菲特知道这件事后，严肃地批评了彼得，并告诫他要尊重身边的每个人。

在巴菲特看来，彼得这种将愤怒强加于他人的做法是不对的，他们是朋友，应该同甘共苦，共创未来。他不愿意看到儿子对合作伙伴发怒，这会损害他们的友谊，更可能影响他们的事业。为此，巴菲特特意让彼得向自己的

合作伙伴致歉,以消除彼此间的隔阂。

德国著名音乐家华尔一次散步时,遇到了一个可爱的小女孩,两人相谈甚欢,临走时,华尔对小女孩说:“回去告诉你父母,今天和你谈话的是德国音乐家华尔!”谁知道小女孩对他说:“回去也告诉你父母,今天和你谈话的是小女孩XX!”这件事让华尔十分震撼,从那之后,他学会了尊重身边的每个人。

人生来就是平等的,被人尊重是人的一种基本需求。无论你是老板还是员工,是贫穷还是富有,是学富五车还是大字不识一个,任何人都没有权利看不起身边的人。学会尊重他人,是我们每个人生来都必须用心学习的必修课。

当你侮辱对方时,对方会因此受到伤害,当别人侮辱你时,你也会因此受到伤害。大家同在一个圈子里生活,为什么要彼此伤害呢?今日你对人施以尊重,他日他人必会以尊重报之;今日你侮辱对方,他日若有机会,此人也必以侮辱相向。与其在相互侮辱中玷污自己的人生,不如在相互尊敬中赢得善意的微笑。

一位中年妇女带着一个小男孩走进美国著名企业“巨象集团”总部大厦的花园中,找了一张长椅坐下。不远处,一位头发花白的老人正在修剪灌木。

中年妇女正不停地和儿子说着什么,很生气的样子。后来,她从随身的挎包中揪出一团纸巾,用完后一甩手抛了出去。老人看到后,朝中年妇女看了一眼,可她却满不在乎地抬头看着他。老人什么也没说,拿起那团纸,将它扔进一旁的垃圾桶里。

接着,中年妇女又从包中揪出一团纸巾扔在地上,老人不得不再次将这团纸捡起来,如此一直重复了六七次。“妈妈,你在干什么?”男孩奇怪地问。中年妇女指着修剪灌木的老人对男孩说:“我希望你明白,如果你现在不努力学习,将来就跟这个老园工一样没出息,只能做这些卑微且低贱的工作!”

中年妇女的话被老人听到了,他走到中年女人面前说:“夫人,这里是

‘巨象集团’的私家花园，按规定只有集团的员工才可以进来。”

“那当然，我是‘巨象集团’所属公司的部门经理，就在这座大厦里工作！”中年女人高傲地说，她掏出一张证件朝老人晃了晃。

老人沉思一会儿之后，借这位中年妇女的手机打了个电话，然后还给她。女人收起手机，又借机对儿子说：“你看这些穷人，这么大年纪了连手机也用不起。你今后一定要努力啊！”

就在这时，中年妇女看到自己的领导朝这个方向匆匆走来，在那位老人面前停下，然后毕恭毕敬地问道：“您有什么吩咐？”老人指着中年女人说：“我提议免去这位女士在集团的职务！”

“是，总裁先生，我立刻按您的指示去办！”那位负责人连声回答。

在中年妇女不可思议的表情中，老人抚摸着男孩的头，意味深长地说：“孩子，我希望你明白，虽然你要学习的东西很多，但必须先学会尊重身边的每个人。”

当我们不了解一个人的时候，仅凭表面判断他的价值，常常会有失偏颇。那些看起来似乎微不足道的人，并没有你想象的那样卑微。更何况，即使对方从事着简单的工作，只要是凭自己的劳动生活，就是光荣的，值得我们每个人诚心尊重。

尊重身边的每个人，是一种修养，一种品质。从一个年轻人对待他人的态度，我们可以看清一个人的品质是好是坏。如果你总是卑躬屈膝地仰视那些身份高于自己的人，而对那些不如自己的人表现出一种鄙视的态度，那即使你高高在上，事业有成，在人格方面依旧是可耻的；如果你对待身边的每个人都不卑不亢，以平等的态度相待，那即使你一无所有，在人格上也是受人敬仰的富人。所以，尊重他人，就是尊重自己。

环顾一下身边的人，年轻的你会发现，每个人都是值得尊重的。亲人，是我们今生最值得依靠的人，他们默默地在我们身旁守候着，为我们遮风挡雨；朋友，是我们今生的知己，他们填补了我们友情的空白，成为我们烦扰时可以倾诉的对象；同事，在工作上与我们同甘共苦，在事业上与我们共同进

退，是我们实现理想的好伙伴。这些人占据了我们生活的方方面面，是我们所有感情的寄托，我们应该好好珍惜并尊重他们。

对于立场与我们相对的人，很多年轻人都表现出一种不屑一顾的神情，可是，对手更是值得我们尊敬的人。两个人之所以对立，是因为立场不同，看待问题的角度不同。那些与自己相左的意见，永远都是值得尊重的，因为它能开阔我们的视野，让我们的思想变得睿智。而且，对手的存在，让你知道了竞争的残酷，弱肉强食的社会现实。在对手的压力之下，你不断进步，不断进取，最终靠自己的努力赢得自己想要的人生。

人生忠告：

就像世界上不存在两片完全相同的树叶一样，世界上也不可能存在两个完全相同的人。人和人之间是有差异的，优秀与平庸是由于各种客观因素造成的。不要强求身边的人完美，也不要因为他们的不完美就否定他们的价值。“三人行，必有我师。”无论对方看上去多么渺小，他身上都有值得你学习和尊重的地方。尊重身边的每个人，年轻人的生活会因此而美好，你也能因此获得值得他人尊敬的人生。

切莫怀疑自我，尽显自信风采

“我从来不曾自我怀疑，我从来不曾灰心过。”

大学刚刚毕业，巴菲特就到父亲的公司工作。他主要负责向客户们推荐增值的股票，然后从股票的赢利中抽取自己所得的佣金。在这个岗位上，巴菲特表现出了非同凡响的自信。

熟悉了具体业务后，巴菲特通过认真研究和分析，选中了一支名为GELCO的股票，这是政府公务员保险公司的一支股票。为了确保自己的判断正确，巴菲特亲自跑到这个公司去打探消息，了解公司的实际状况。但是，当他向公司汇报购买意见时，遭到了公司内部和所有咨询专家的反对。几位保险业的前辈认真地告诉他，他过高地估计了这支股票的价值。

不过巴菲特相信自己的判断，在没人相信他的情况下，他坚持向顾客推荐这支股票，并以身示范，拿出了自己的资金，投入一万美元购买 GELCO 股票。果然，在不到两年的时间里，GELCO 股票攀升两倍多，巴菲特也净赚了 5000 多美元。

美国前总统罗斯福年轻时，有一次在加勒比海度假，游泳时突然感到腿部麻痹，动弹不得，幸亏旁边的人及时发现并救助，才避免了一场悲剧的发生。医生诊断后对罗斯福说："你可能会丧失行走的能力。"罗斯福并没有被医生的话吓倒，而是笑呵呵地对医生说："我还要走路，而且我还要走进白宫。"

在 200 多年前，英国医师琴纳经研究证实，接种牛痘可以使人免患天花。这一结论在当时遭到多方面的强烈攻击。有人说他亵渎神明；有人指责他把人当牲口；有人提议剥夺他行医的权力；有人提议把他开除出医学会。但琴纳不理会这些世俗的偏见和恶意攻击，他说："让人家去说吧，我走我的路！"凭借自信，琴纳打开了免疫学的大门，并拯救了无数人的生命。

人们常说，一个人在生活中被别人击倒，可以再次爬起来，可如果自己把自己击倒，就再也没有站起来的希望了。怎样才能避免"自己把自己击倒"呢？那就需要自信。自信，可以使一个外表丑陋的姑娘变得无比美丽，可以令一个身体孱弱的人变得力量无穷……

成功学的创始人拿破仑·希尔说："自信，是人类运用和驾驭宇宙无穷大智的唯一管道，是所有'奇迹'的根基，是所有科学法则无法分析的玄妙神迹的发源地。"人是一种很奇妙的动物，往往科学证明不可能的事情，却可以凭借自信完成。这种自信，可以给人一种精神动力，让人在黑暗中看到光明，在绝望中也能看到希望，化一切不可能为可能。

很多年轻人明明才华出众，成绩卓越，却总是不够自信。大好的机会摆在眼前却不敢抓住，明明可以成功却不敢尝试。因为不自信，他们放弃了许

多原本可以拥有的东西，让自己在平庸的沼泽里越陷越深。年轻人缺什么都不能缺少自信，因为它会把你的心紧紧封死在阴暗的角落，将你排挤在成功的行列之外，让你永远看不到人生的太阳，感觉不到阳光的温度。

瑞克是杂技团的台柱子，凭借一出惊险的高空走钢丝而声名远扬。在离地五六米的钢丝上，他手持一根中间黑色、两端蓝白相间的长木杆保持平衡，赤脚稳稳当当地走过十几米长的钢丝，从未有过丝毫闪失。

一次，长木杆不小心折断了，团里非常重视，不惜高价找来了粗细相同、长短一致且重量也一样的木杆。直到瑞克得心应手时，团长才请油漆匠给木杆刷上与以前那根木杆相同的蓝白相间的颜色。

又是一次新的演出，在观众的阵阵掌声中，瑞克微笑着赤脚踏上钢丝。助手递给他那根蓝白相间的长木杆，他突然觉得两手间的距离比他以往的长度短了一些。瑞克心里猛地一惊，难道是有人将木杆截短了？不可能啊？他小心翼翼地把两手分别向左右移动，一直到适宜的距离才停住。他看了看，两手都偏离了蓝块的中间位置。他一下子对木杆产生了怀疑，手心开始沁出汗来。

终于，在钢丝中段做腾跃动作时，一个不留神，瑞克从空中摔了下来，折断了踝骨，表演被迫停止。事后检查，那根木杆长度并没变，只是粗心的油漆匠将蓝白色块都增长了1毫米。

木杆的长度并没有变，变得是瑞克的自信，一瞬间的不自信，导致了演出的失败。当一个人信心动摇时，做事自然犹犹豫豫，不知如何是好。有时，成功和失败的距离就是自信的距离。你自信满满，做事就会如鱼得水；你瞻前顾后，做事就会举步维艰。

自信是由内而外散发的一种气质，这种气质使人在权威面前敢于发出自己的声音，敢于表现真实的自我，敢于对不正确观点说“不”。自信的人更容易获得他人的欣赏，为事业的成功加上至关重要的筹码，为人生增添新的高度。

人生忠告：

风雨和磨难是生命组成的部分，这对每个人来说都无法避免。当生命的轨迹固执地向前延伸之时，请在你人生的道路上挖掘自信，它将成为你无法摧毁的信念，成为你茁壮成长的土壤，成为你生命中一股永恒的活水，不息地寻找前进之路。

坚定自我,真理往往被少数人掌握

财富同真理一样,都掌握在少数人的手中。失败与失意的人永远比成功的人多,年轻的朋友们，当你成为凤毛麟角的少数人,当你成为手握真理的智者,那你就已经变成了人中龙凤,站的比别人高,看的比别人远。

不要给自己贴上平庸的标签

“你所寻找的出路就是，想出一个好方法，然后持之以恒，尽最大可能，直至将梦想变成现实。”

对于自己的人生，巴菲特有明确的规划，他的人生是传奇，是神话，永远都不可能和平庸有任何的关系。虽然巴菲特骨子里有一种人人平等的观念，但对于甘于平庸者，他是不认同的，所以他不愿意看到自己的儿女碌碌无为，平庸一生。

说来奇怪，巴菲特的三个子女虽然都考上了大学，但都没有毕业。对他们而言，考大学就像是一件任务，完成即可。巴菲特不允许他们如此虚度自己的人生，他告诉三个孩子，如果他们把自己摆在平庸者的位置上，那他们的一生肯定不会有所作为，而对于那些没有人生理想，没有目标的人，他是鄙视的。

人生一世，草木一春，在历史的长河中不过是弹指一瞬。然而在这极短的岁月中，有多少人平淡地耗费了易逝的时光，庸碌地虚度着所谓的年华，在无知中降临这世界，又在叹息中离开这世界。疾病、痛苦与磨难并不可怕，最可怕的是白白在世间平庸地走了一遭。

有人耻笑飞蛾扑火的固执，但我却欣赏它义无反顾追求自我的勇气；有人感叹愚公移山的不自量力，但我却佩服他敢人所不敢的毅力。对于平庸者，当其他人有些奇思妙想时，他们的第一反应就是此人异想天开。但如果没有这些异想天开的想法，世界上哪来的飞机和火箭，人类又怎能登上月球？

一枚鹰蛋从鹰巢里滚落出来，掉在草堆里。猎人发现了他，以为是一只鸡蛋，将它带回家，放在鸡窝里。鸡窝里有只母鸡正在孵蛋，它和其他的鸡

蛋一样，被母鸡孵化出来。

于是，它从小就被当作一只小鸡，过着鸡一样的生活。由于长相古怪，许多的伙伴都欺负它，它感到孤独和痛苦。

有一天，它跟着鸡群在稻场上啄谷子。忽然，山那边一道黑影飞掠了过来，小鸡惊慌失措，到处躲藏。等到危机过去，大伙儿才松了一口气。

“刚才那是什么鸟啊？”它问。

伙伴告诉它：“那是一只鹰，至高无上的鹰。”

“喔，那只鹰真是了不起，飞得那样潇洒！”它心底里感到羡慕。“如果有一天，我也能像鹰一样飞起来，那该多好！”

“简直是痴心妄想！”伙伴们毫不留情地训斥它说，“你生来就是一只鸡，甚至连鸡都为你的丑陋感到丢脸，你怎么可能像鹰一样飞起来呢？”

可鹰并不为伙伴的训斥所动，它继续仰望着天空，想象自己自由翱翔的样子。

这一幕正好被猎人看到了，他抓起这只鹰来到悬崖顶端，把鹰举过头顶对它说：“鹰啊鹰，你本属于蓝天，飞翔于悬崖与峭壁之间，怎能与一群碌碌无为的鸡生活在一起呢？”说完，毫不留情地将它扔了下去。

可是鹰太小了，羽毛还不够丰满，尽管它很努力地拍打着翅膀，可还是没有办法飞起来。

看着鹰坠落悬崖，猎人以为鹰已经死了，可到悬崖下面一看，它还活着，只是受了重伤。猎人把鹰带回家，放回鸡窝里，长长叹了口气，走开了。

过了一段时间之后，鹰的伤好了，羽毛也渐渐丰满了，来到猎人的窗前，重重地啄着窗户上的玻璃。猎人看着拼命啄着玻璃的鹰，明白它的意思。

于是，猎人又把鹰带到悬崖边，对它说：“希望你这次能翱翔蓝天。”说着，又把鹰扔了下去。

鹰在极速下降过程中听到耳边呼呼的风声，看见下面河水川流不息怪石嶙峋，害怕极了，可是它告诉自己：“我是一只鹰，不是鸡，要搏击长空，绝不在鸡窝中平庸地生活。”于是，它睁开了自己朦胧的双眼，用力挥动着翅膀，终于缓慢地飞了起来，飞上了天空，飞到猎人的头顶上面旋转了三圈，一声长鸣，飞回了属于自己的蓝天。

处于生命中最美好季节的年轻人，你希望自己能翱翔天空，还是在鸡窝里与鸡同舞？你希望自己能受人敬仰，还是遭人唾弃？你希望成为家人的依靠，还是就此成为家人的负担？只要你不甘于平庸，人生就可以过得很精彩。只可惜，有些人明明可以像金子一样发光发热，却选择和石头一样，只能在地下过着永无天日的生活。

有些年轻人内心燃烧着一把理想的火，他也有满腔的抱负，震撼人心的凌云壮志，还有许许多多关于理想的计划和设想。可在起初被撞得头破血流之后，胸膛的烈火被浇灭了，从此将自己紧紧封锁在心牢之中，甘心在平庸之中了此残生。

还有些年轻人喜欢夸夸其谈，口若悬河地向全世界发出豪言壮语，可实际上却是“语言的巨人，行动的矮子”，不敢真真正正在现实世界中走一遭。那些关于在社会中被撞得头破血流的故事，熄灭了他们的希望之火，令他们望而却步，不敢踏入社会的泥沼。

平庸者，总是为自己的平庸找借口，可无论借口多么的堂而皇之，也比不上事实的说服力。真正敢于打破平庸的人，不在乎前面的路有多少的艰难坎坷，不在乎自己在这条路上流多少鲜血。他们只知道，为了打造自己灿烂耀眼的人生轨迹，可以抛头颅，洒热血，不顾一切冲向终点。

平庸与精彩是完全不同的生活，截然相反的人生。我们都是赤裸裸而来，没有谁天生富有，没有谁天生贫穷，人生的归宿，完全是你自己选择的方向。选择不同，结果不同，人生也大不相同。

人生忠告：

有人说，不需要远，不需要高，只要会飞就是鸟；有人说，不需要快，不需要深，只要能游就是鱼。可是，若为鸟，何不做一只搏击长空的苍鹰？若为鱼，何不做一条遨游深海的猛鲨？人生短短数十载，你是要在平庸中窒息而死，还是在璀璨中愉快地笑？想要实现理想，为自己谱下轰轰烈烈的不朽诗

篇,那就彻底清除你心底平庸的劣根,坚定地告诉自己:绝不平庸!

兴趣即是梦想,人生路自己选

“我从十一岁开始就在做资金分配这项工作,一直到现在都是如此。”

一次,巴菲特被邀请到纽约哥伦比亚大学给学生做演讲,当被问到成功的秘诀时,他大笑起来。他说,自己与在座的学生相比,并没有什么不同之处,如果一定要说有的话,那就是他每天都在做自己喜爱的工作。

对巴菲特而言,投资并不仅仅是工作,更是一种乐趣,只是他的乐趣恰巧能赚很多钱而已。在他看来,赚钱并不是人生的终极目的,做自己喜欢做的事,才是他毕生的追求。

我们很难想象,身为股神巴菲特的长子,霍华德竟然是一位农民。霍华德对农业的兴趣,源于他在非洲的一次经历。有一次,霍华德去非洲旅行,正当他准备拍摄迁徙中的斑马和羚羊时,突然看到贫穷的农民放火清理土地,地上留下一片烧焦的痕迹。霍华德领悟到,要保护非洲的生态环境,就得先解决广大农民的粮食问题,从此,他知道自己该做什么。

对于霍华德的选择,巴菲特不仅没有反对,反而还非常支持,因为在巴菲特看来,喜欢的就是最好的,能够从事自己喜欢的职业,那就是一种幸福。为了表示对儿子的支持,巴菲特特意为他买了一座农场,让儿子能够实现自己的梦想。

世间大多数人,每天都在忙忙碌碌地做着自己不愿意做的事,过着自己不情愿过的生活。他们要为家庭奔波,为工作拼搏,有时还要说些违心的话,办些违心的事。也许,向生活妥协后,他们会变得富有,可是不能做自己想做的事,他们的人生还能快乐吗?

人赤条条地来到这个世界上,最终仍要赤条条地离开,曾经生活过的、追求过的与创造过的一切都无法带走。人唯一能做的,就是在此时此刻,以最真、最快乐的心情,做自己喜欢做的事,享受每分每秒。

日本著名的漫画家手冢治虫,他从小就对漫画有浓厚的兴趣,他从5岁起就开始画漫画。每当母亲拿到父亲的工资时,总是先给他书本费,其中就包含买漫画书的钱。渐渐家中的漫画越来越多,达到了200多册,占据了他房间的大部分空间。

五年级时,手冢画了一册漫画给同学们传看,被老师没收了。没想到没过多久,老师又将漫画还给了心惊胆战的手冢,并告诉他:"喜欢画什么就画吧,你画的不错。"

手冢拥有医学博士学位,但他对医学并不感兴趣,也不想从事这方面的工作。他将自己的苦恼告诉了母亲。母亲告诉他:"做个漫画家吧,因为这是你的兴趣所在。"

果然,从事自己喜欢的职业之后,手冢不再苦恼了,工作起来也很有干劲。他一生创作的漫画作品高达15万页之多,甚至还曾同时执笔13部漫画作品连载,每天睡眠不足4个小时。巨大的工作量不仅没有让他感到疲惫,反而让他越来越有精神。因为做自己想做的事,无时无刻不是快乐的。

纵观古今中外,许多有成就的人,大多从事的都是自己喜欢的工作。郎朗开心地弹着喜欢的钢琴,成功地在国际乐坛上掀起了一股"郎朗旋风";爱迪生在钟爱的科学国度里驰骋,发明了照亮世界的电灯;巴尔扎克在饶有兴致的文学领域笔耕不辍,最终成了一代文学巨匠。

人只要活着,就要做事。人生的过程,可以说就是做事的过程。但有些事是你喜欢做的,有些事是你不喜欢做的。喜欢做的事,你做起来会很主动、很卖力,不喜欢做的事,你做起来就缺乏激情,总觉得那是一种心理负担。不过,正是因为这样的区别,才把幸福和不幸区分开来。

有的年轻人说:"人生有太多的身不由己,很多事是你无法改变的,我们只能学着适应。"的确,人生有很多的无可奈何,不是你想改变就能改变的,可人生还有很多事,是你可以改变,却不曾尝试着去做的。有人认为工作是

糊口的工具,难道从事自己喜欢的职业,就没办法生活下去吗?

智者说:"人生好似一个布袋,扎上口时才发现,里面装的都是遗憾,还有许多没来得及做的事。"不能做自己想做的事,这样压抑的人生,处处都是流血的伤口,而治疗的办法,就是诚实面对心中所想,跟随着自己的心,做自己喜欢做的事。

不过,做自己喜欢的事,也需要坚持和韧劲。也许你会遭到父母的反对,也许你要忍受周围的闲言碎语,也许你不得不面临失败的危险。如果这些你无法坚强面对,那你就只能成为生活的弱者,成为他人思想的附属品,永远受制于人。想象两种不同的人生,如果你坚信自己可以做到,不妨勇敢一次,努力追求自己的真正所需。

人生忠告:

人生短短几十年,何其短暂?年轻时一定要为自己活着,不要总是被别人左右。怎样的人生才是最好的,只有你心里清楚,他人的意见,未必是你心底最渴望的声音。做自己想做的事,走在生命的路上,你会看到更多美丽的风景,庆幸自己没有白来世间一次。

站稳立场,别受外界干扰

"别人赞成你也罢,反对你也罢,都不应该成为你做对事或做错事的因素。"

解散合伙公司时,家人反对;投资可口可乐时,公司股东反对;不买科技股时,同业人员反对……一直以来,无论面前有多少反对声,巴菲特都忠于真实的自己,坚持做自己,按照自己的想法生活与工作。只要是他认定的事,绝不会受到他人的干扰,而事实也证明,巴菲特的决定是正确的。

你是谁?从哪里来,又要到哪里去?人真实地在这个世界上生活,有时却感觉一切都是假的。这个世界纷繁复杂，在真真假假、假假真真之中，一切都恍如隔世，甚至我们自己都不清楚自己是谁了。

在世事变幻中，我们开始对财富痴迷，对权力充满欲望，却忘了坚守最真实的自己。有人说："生活很悲哀，因为这个世界上有太多的无奈，明明想哭，却还要勉强自己强颜欢笑。"曾几何时，我们想要坚守的东西，已经被时间、诱惑及世事所淹没。也许，人一生最难坚守的，就是自己。

非洲有一个部落，他们遵循着一个奇怪的约定：凡是参加部落聚会，所有成员必须赤身裸体。这个约定让很多外部落的人无法接受。

有一次，这个部落得了一场怪病，很多人都感染了这种病。本族的医生束手无策，不得已，族长只好求助于外族的一位神医。

起初，这位神医怎么也不肯答应去看病，原因就是这个部落的约定让他无法忍受。族长一再请求，称族人无法自救，而且很多人都在病危之中，恳求神医一定要出手相救。神医考虑到人命关天，最后还是答应了。

神医来看病的那天，族长说，好不容易把神医请来了，为了部落的福祉，这次大家就破一次例穿上衣服吧。于是全族人都穿西装，打领带，等待那一刻的到来。

神医到来的钟声响起，大门一开，大家都惊呆了：只见老神医全身一丝不挂，斜背着一个药箱走了进来。

很多时候，我们迫不得已而改变自己，可到头来，却发现一切都只是一场闹剧，这样的改变根本毫无意义。当你下定决心改变时，以为可以就此得到自己梦寐以求的东西，殊不知，在你放弃自己的同时，也放弃了一些原本属于自己的美好。

改变就能收获幸福吗？官吏受不住糖衣炮弹的攻击，放弃了原本的正直和廉洁，而等待他们的是牢笼里的永无天日；商人禁不住巨额利润的诱惑，放弃了诚信和信誉，短暂的辉煌之后，开始夜夜失眠，备受良心的谴责。有些改变，可以让你的人格日臻完美，但有些改变，只会把你逼上一条不归路。

一天，苏格拉底从皱皱巴巴的短袍里掏出一个苹果，站起来，目光深沉地对弟子说："这是我刚刚从果园里摘下的一个苹果，你们闻闻它有什么特别的味道？"他拿着苹果走到每一个弟子面前让他们闻，几十个弟子的答案是一致的——闻到了苹果的香味。

苏格拉底最后走到柏拉图的面前，柏拉图站起来，看了看同学们，然后慢慢地说："老师，我什么味道也没有闻到。"

同学们都万分诧异，怎么可能呢？一个熟透的苹果怎么会什么味道都没有呢？一向聪明善辩的柏拉图今天怎么了？苏格拉底把柏拉图拉到自己的身边说："只有柏拉图是对的。"

接着，苏格拉底把那个苹果交给弟子传看，弟子们仔细一看，这才发现，那竟是一个蜡做的苹果！

年轻人在判断一件事情时，可能会有一些长辈或权威人士对你进行指导，他们的观点，也许与你最初的看法相悖，这时盲目相信他人只会迷失了自己。事物光鲜的表面，也许只是一种伪装；周围一片反对声，也许只是对你的考验。我们要相信自己的判断，坚持自己的想法，这样才更有可能取得成功。

当然，金无足赤，人无完人。我们每个人都是不完美的，都有这样或那样的缺点，这时，一成不变不是一种美德，而是一种偏执。我们所谓的坚持，是对真善美的坚持，是原则的坚持，是真理的坚持。只要是对的事情，就要不顾一切地坚守，就算最后被证明行不通，你也能从中吸取教训，不断成长。

坚持自我的年轻人，常常是不被人理解，甚至还会遭到嘲笑、讽刺和唾弃，可是这样的生活，却是最踏实可靠的。不必承受良心的谴责，不必用新的谎言圆旧的谎言，在最初的善良和纯真面前，你还是原来的你，你的人生还是有阳光照射的璀璨人生。在坚守自己的过程中，即使经历磨难、痛苦和清贫，但你能够坦然面对亲人和朋友，能够心安理得地享受你所拥有的一切。

坚持自己的年轻人，有一种勇往直前的魄力，有一种顽强的精神，他们不会为凡尘俗世所干扰,不会任他人控制人生的航向。对于梦想,他们会义无反顾地追寻;对于原则,他们会雷打不动地坚守……这样的人像太阳,照到哪里,哪里都一片光亮。

坚持自己,是一种淡定,是一种修养,更是一种自信。在这个灯红酒绿的世界里,唯有坚持自己,你才能看清前进的方向,才能拥有真正的成功,顺利到达幸福的彼岸。盲目地改变千万次之后,你就不再是当初的你,灵魂也不再属于你自己,而像一根浮萍,在水面飘飘荡荡,永远靠不了岸。

人生忠告:

想哭就哭,想笑就笑,想工作就工作,想休息就休息,不必隐藏自己的不悦,也不必费尽心机包装自己。让所有的虚伪都离你而去,让所有的动摇都畏惧你的坚定,坚持自己,你才能感觉自己真的在这个世界上存在过,才能找到自己曾经好好活过的痕迹;坚持自己,你才会快乐与幸福。

拥有质疑权威的勇气

“就算美联储主席格林斯潘偷偷告诉我他未来两年的货币政策,我也不会改变我的任何计划。”

有些投资者认为,投资的秘诀就是相信股市中名声最大或最成功投资者的意见。对此,巴菲特提醒说,投资时不要被权威的意见所左右,要相信自己的判断力,勇于挑战权威。正是巴菲特对权威的质疑和挑战,才令他在投资的路上越走越远,越来越成功。

巴菲特的老师格雷厄姆在投资界享有很高的声誉,他的理念对当时企业资产评估方式产生了很大的影响,但巴菲特却觉得老师的理念存在缺陷。巴菲特认为,格雷厄姆只看到了企业的有形资产,却忽视了无形资产,企业和其他机构的不同之处在于,企业拥有品牌价值这种无形资产,这种无形资

产可以为企业带来丰厚的实际效益。

通常情况下,一个人具备一定的造诣,才能成为某方面的专家。对于刚刚踏入某个行业的初学者,专家的一句指点犹如金科玉律,可以让你少走很多弯路。敬重专家权威,就是敬重知识,敬重能力,是人谦虚好学的表现。可是,如果在对权威的崇拜超出了应有的限度,甚至到了盲目的地步,那就是愚蠢了。

俗话说,“好车把式也有翻车的时候。”即使是专家权威,也不可能做到样样精,时时明。更何况,在这个纷繁复杂的世界中,到处都是真真假假,专家头衔的含金量也开始大打折扣,那些所谓的权威其实并没有我们想象的厉害。盲目相信这些人只会扰乱自己的判断,让自己误入歧途。

俄国音乐家柴可夫斯基于 1874 年 12 月写完了《第一钢琴协奏曲》后,最先在俄国钢琴大师鲁宾斯坦面前弹奏,鲁宾斯坦当场将这部乐曲批评得一无是处,一钱不值,连“令人作呕”之类的话也用上,令柴可夫斯基非常难堪。鲁宾斯坦最后说,必须彻底修改才有可能公开演奏。

柴可夫斯基很不服气,他对自己这部作品充满信心,大声对鲁宾斯坦喊道:“我一个音符也不会修改,我要照现在的样子原封不动地拿去公演。”

《第一钢琴协奏曲》没能在俄国公演,却最先在美国的波士顿公演,而且获得了巨大的成功。3 年后,《第一钢琴协奏曲》成了世界名曲。

鲁宾斯坦最终承认了自己的错误,还在自己的音乐会上亲自演奏这部惊世之作。

如果当初柴可夫斯基对自己的作品没有信心,迷信权威,也许这部名曲就无法成为传世之作了。对于一件事物“仁者见仁,智者见智”,权威人士赞赏的东西,不一定全世界都会赞赏,反之亦然,权威人士否定的东西,不一定全世界都会否定。如果权威人士说的都是至理名言的话,那每个人都不必拥有自己的思想和见解,只要跟随权威人士的脚步,人人都可以成为第二个比尔·盖茨、第二个罗斯福、第二个威尔·史密斯……这样的话,比尔·盖茨、罗斯福和威尔·史密斯也不会成为人们争相崇拜且模仿的对象了,这个世界也就不会再有进步和创新。

权威者的一句肯定，可以使一个人眼前狭窄的道路变得无限宽广；权威者的一句否定，也可以使成功的大门在一个人的眼前紧紧关闭。可是，无论处于何种境地，我们都应该坚持自我，坚持自己的初衷，坚决走自己该走的道路。或许，在很长的一段路上你是孤独的，是痛苦的，是不被肯定的。可如果你是正确的，真理就会站在你的身边，向全世界宣布你的执著和与众不同。

17 世纪时，人们都相信亚里士多德，这位 2000 多年前的希腊哲学家的话被当作不容更改的真理，谁要是质疑亚里士多德，就会遭到众人的一致反对和嘲讽。

亚里士多德曾经说过，两个铁球，一个 10 磅重，一个 1 磅重，同时从高处落下来，10 磅重的一定先着地，速度是 1 磅重的 10 倍。他的观点引起了 17 世纪科学家伽利略的怀疑。

伽利略反复做了许多次试验，结果都证明亚里士多德的观点是错误的。于是他向全世界宣布，两个不同重量的铁球同时从高处落下来，总是同时着地，铁球往下落的速度跟铁球的轻重没有关系。伽利略为了证明自己的观点正确，要在比萨斜塔上做一次公开的试验。

试验那天，很多人都来到斜塔周围，他们在下面议论纷纷，准备看伽利略的笑话。伽利略在斜塔顶上出现了，右手拿着一个 10 磅重的铁球，左手拿着一个 1 磅重的铁球。两个铁球同时脱手，从空中落下来。

斜塔下面的人忍不住惊讶地呼喊起来，因为大家看见事实正如伽利略所说，两个铁球同时着地了。这时大家才明白，原来像亚里士多德这样的大哲学家，也有错误的时候。

古往今来，大多有成就之人，都不会盲目相信权威的观点，而是对权威的观点大胆质疑，小心求证，不顾世俗的眼光，勇敢地向全世界表达自己的看法和观点。那些盲目相信权威，对权威的话不假思索就完全相信的人，往往缺乏独立的思考能力，这样的人做起事来不仅距成功遥远，还会时时伴着挫折和失败。

人生忠告:

世上没有绝对正确的人,过去没有,现在没有,将来也不会有。对于专家权威,年轻人不要被他们头上的光环所迷惑,像看待常人那样清醒、客观且现实地看待他们。只有这样,我们才会对他们的理论有正确的认识,也才会从他们那里获得正确的指教,获得有益的启示。

行事果断才能力挽狂澜

“当人们忘记‘2 + 2 = 4’这种最基本的常识时,就该是脱手离场的时候了。”

1991年8月16日,由于所罗门几位高级执行官在一场债券交易中违反了有关规定,所罗门陷入了前所未有的信誉危机。在所罗门所有员工都感到恐慌之际,巴菲特临危受命,担任所罗门临时董事长一职。他果断地采取了一系列措施,使所罗门公司摆脱了困境。

首先,巴菲特提名了一位新的首席运营官,在丑闻发生的两天之后召开临时董事会,并在同一天主持了新闻发布会。接着,巴菲特接受了引发这次危机的几位高级执行官的辞呈,其中包括曾被称为“华尔街之王”的总裁约翰·格特弗伦德、总经理托马斯·施特劳斯及公司副总裁约翰·梅里韦瑟。然后,巴菲特说服美国财政部长尼古拉斯·布雷迪撤销了禁止所罗门公司从事政府债券交易的禁令,亲自前往华盛顿,会见证券监管部门的领导。

为了渡过这一难关,保持公司竞争力,巴菲特还出售了所罗门公司持有的价值400亿美元的证券来筹措营运资金。

在巴菲特的努力下,价格下跌约1/3的所罗门股票终于止跌回稳,而他的一系列果断措施也受到了外界的高度赞扬。

一个孩子在山里割草时被毒蛇咬伤了脚，但医院却在远处的小镇上。看着被毒蛇咬伤的脚趾，孩子毫不迟疑地用镰刀切断受伤的脚趾，然后忍着剧痛艰难地走到医院。虽然失去了脚趾，但孩子却因此保住了性命。

在希腊的神庙中，有一团神留下的麻绳连环套，有预言说：谁能解开这团麻绳，谁就能征服亚洲。几百年过去了，没有人能成功解开这团麻绳。当亚历山大率军来到绳结前，不加斟酌，便拔剑砍断了绳结。后来，他果然一举占据了比希腊大 50 倍的波斯帝国。

果断，是一种性格，它会让你身边的人体验到雷厉风行的快感；果断，是一种意境，只有果敢行事、当机立断的人，才会让人钦佩、羡慕且信赖，并从中获得安全感。自古以来，成大事者必然是果断决策与行事的人。那些在机遇面前犹犹豫豫、优柔寡断的人，只会让事态慢慢恶化，让平庸永远印刻在自己身上。

4 岁的小雅各布在外面玩耍时，发现一个鸟巢被风从树上吹落下来，里面滚出一个嗷嗷待哺的小喜鹊，小雅各布决定把它带回家喂养。

当他带着鸟巢走进家门口时，他突然想到妈妈不允许在家养小动物。于是，他轻轻地把小喜鹊放在门口，走进屋请求妈妈。在他的苦苦哀求下，妈妈终于答应了他的要求。

小雅各布兴奋地跑到门口，小喜鹊不见了，一只野狗正在津津有味地舔着嘴巴。小雅各布为此伤心了很久，他从此记住了一个教训：只要是自己认准的事情，绝不可以优柔寡断。

犹豫，其实是一种惰性，这种惰性会侵蚀你的灵魂，让你原本鲜活的灵魂变得暗淡无光。回想过往，从小到大，我们有很多的愿望；可时至今日，真正实现的却只有很少的几件。为什么会这样？因为我们遇事不够果断，总是思前想后，犹豫不决，然后在我们还没有想清楚时，又有新的事情发生了，而你原先的想法只能就此耽搁下去。长此以往，不能实现的愿望越积越多，多得连自己都数不清了。在夜深人静时，你不断地问自己：如果当初没有犹豫，还会有现在这么多遗憾吗？

当今社会，万物都在瞬息万变中，机会的到来只是一瞬间的事情，稍有犹豫它就会消失。果断者，可以抓住机遇，使人生减少许多痛苦和磨难；而犹豫不决的人，只能看着别人带着机会一路好走，自己却在后面艰难前行。这是一个需要果断的时代，果断才能出强人，果断才能出英雄。

有些年轻人犹豫，与机会失之交臂；有些年轻人果断，总能把握先机。但也有这样的情况：不假思索地登船，走了一程才发现方向不对；将院子里的杂草一举清除，却发现里面还有名贵的牡丹。果断不是盲目的冲动，不是不经大脑的愚蠢，真正的果断，是经过思考后的最佳选择，是抓住转瞬即逝的机会的睿智。而那些想到什么就不计后果的行动，往往只是自作聪明，将事情越搞越糟。

人生忠告：

滚滚长江东逝水，滔滔黄河不回头，因为毫不迟疑，所以铸造了一泻千里、浩浩荡荡的气势。鲜花抛弃了美丽，绿叶摒弃了绿意，然后义无反顾地投入了黑色土地的怀抱，因为毫不迟疑，所以化作营养，滋润着万物。果断是人生的一张关键牌，拥有它，年轻的生命就可以拥有了打开成功之门的钥匙。

睁开那双善于发现的眼睛

“归根结底，我一直相信自己的眼睛远胜于其他一切。”

9岁时，巴菲特经常在加油站数从苏打水机器里出来的瓶盖数，这个举动在其他小朋友看来十分无聊，可却是最简单的市场调查。橘子汁的杯盖有多少个？可乐的瓶盖有多少个？无酒精饮料的瓶盖有多少个？巴菲特把这些瓶盖运到货车上，然后将它们在沃伦家的地下室里成堆地收集起来。他想知道：哪种品牌的销售量最大？谁的生意最红火？

靠这样简单的市场调查，巴菲特看到了人们对可口可乐的钟爱，从中发现了商机。于是，他以25美分跟开杂货店的爷爷拿6罐可口可乐去卖，然后再挨家挨户去敲邻居的门，以5美分的价钱卖给邻居。就这样，每卖掉6瓶可口可乐，巴菲特就可以赚到5美分。

雅各布·格林和威廉·格林两兄弟为了证明民间童话和历史是否有联系，他们搜集了89个童话故事，最后却证实不了最初的观点，于是把记载了这些童话故事的笔记本束之高阁。幸亏，他们有一个善于发现的朋友，发现并出版了这个童话集，这才有了流传至今的《格林童话》。

一家专营鞋子的公司派两名业务员到非洲去开拓市场，经实地考察，一位业务员认为当地人有赤脚的习惯，很难开拓鞋业市场，于是他悻悻地回到了总公司。而另一位业务员看到当地人赤脚走路后，立即向总公司报告那里商机无限，要留下来开发这片鞋子生意的处女地。多年之后，回到总公司的那名业务员依旧在默默无闻地做着自己的业务，而那位留在非洲的业务员，却因为业务突出被破格提升为区域经理。

生活中从来都不缺少美，也不缺少商机，只是缺少善于发现的眼睛。当年轻的你怨天尤人，感叹命运不公时，是否可以扪心自问，为什么同样的时间，同样的地点，同样的境况，别人成功了，你却失败了？不是他人有贵人相助，而是因为你虽有一双明亮的眼睛，却从不曾真正发挥它的功能，不能透过现象看到本质，也不能发现其中的与众不同。

据说，很久很久以前，鹦鹉根本就没有家，每当下雨的时候，它只能躲在大树下面避雨，祈求大雨快点停止。

一天麻雀来找鹦鹉，兴高采烈地说："告诉你一个天大的好消息，凤凰老师教我做窝了！现在，已经建成了。我的窝可好了，你快去看看吧！"

麻雀的家住在屋檐下，是一个小小的墙洞，里面铺着柔和的稻草，睡在上面可舒服了。鹦鹉感慨地说："我也好想有一个属于自己的家，可是我笨手笨脚的，根本就做不了窝。"麻雀鼓励它说："虽然你不会做，但只要你努力寻找，善于发现，一定能找到一个舒适的窝。"

鹦鹉飞呀飞，飞过高高的山，密密的林，日夜兼程，来到了一座城堡的上空，这里群山环抱，野花遍地，流水潺潺，风景如画。“要能在这里安家该多好啊！”于是鹦鹉仔细地绕着城堡检查起来，城堡很古老，墙漆已经剥落了，粗糙不平的堡身看上去更像一棵树。

“哎呀，太好了！这里有一个洞！”这个洞是往里凹的，像一个葫芦，洞口只能容下一只鸟，但肚子却很大，底部是封死的。鹦鹉想到了山上人们住的窑洞，灵机一动，有了主意，它先叼来一层湿湿的泥土，抹在墙壁周围，再铺上一层柔软的干草，就大功告成啦！鹦鹉高兴地又蹦又跳。

有了自己的家之后，鹦鹉很高兴地邀请其他鸟类到自己家参观。所有的鸟看到鹦鹉的家后都羡慕不已，纷纷问它：“你是怎么发现这么好的地方的？”

“眼睛呀！我有一双善于发现的眼睛呀！”鹦鹉得意地说。

如果没有一双善于发现的眼睛，牛顿就不会从一个落下苹果中受到启示，发现万有引力；道尔顿也不会从一双袜子的颜色中发现色盲症的存在。人与人之间的区别，不是智商的高低，也不是机遇的青睐与否，而是你能否在平凡中发现不平凡。

年轻人拥有一双善于发现的眼睛，是知识、阅历等日积月累的结果，它不是与生俱来的，也不是不可练就的。只要年轻的你有一颗热爱生活的心，有丰富的知识沉淀，能在经验的洗礼中分辨出真假对错，就可以紧紧抓住迎面而来的机会，进而登上成功的巅峰，在人生的辉煌顶点傲视脚下的一切。

人生忠告：

睁大你的双眼，开动你的脑筋，你会发现，黑暗中隐藏着光明，绝望中孕育着希望。不要被表象蒙蔽了双眼，不要认为生活已经平淡到没有任何开拓的余地，再普通的人，再平凡的事物，自有可贵之处，都在静静等待你的发现。

努力飞翔，缩短成长的路程

有的人在一夜之间长大，有的人直至老去也不曾成熟。是什么让人快速成长，又是什么让人停滞不前？只有成长之后，你才能成为他人坚实的肩膀；只有成长之后，你才能展开能够飞翔的翅膀。成长的路越短，一切就能越早实现，所以我们要努力学习，掌握缩短成长之路的方法和技巧。

跑在正确的轨道上，才能成功起飞

“如果你在错误的路上，奔跑也没有用。”

在孩童时代，巴菲特的第一份工作就是送报纸；1973 年，巴菲特收购的《太阳报》获得了新闻界最高奖项“普利策奖”；20 世纪 80 年代，巴菲特巨额投资之一便是《布法罗新闻报》。

长期以来，巴菲特一直将自己视为“报纸人”。但如今，伴随着网络等新兴传媒的兴起，报纸对读者和广告投放者的吸引力已今非昔比。尽管巴菲特很努力地想将报业做好，但这条路上的无数教训让他明白，很多时候，选择比努力更重要，人的选择要跟得上时代的脚步。所以，巴菲特公开宣布，以后不会再以任何价格收购美国的报纸。

人生，其实就是一个不断选择的过程。选对了，你可以赢得鲜花和掌声；选错了，可能会因此输掉自己的一生。很多人都害怕面对人生的十字路口，因为他们不知道，自己该如何抉择，也不知道，自己的选择到底是对还是错。

一位中国留学生向西方同学讲述“愚公移山”的故事，他的同学听完后，暗自摇头，疑惑地问道：“宁愿花那么大的精力去移走房前的大山，为什么不换一个没有山挡路的地方重建一座房子呢？显然后者比前者成本低啊！”

一只苍蝇想到屋外去，于是他用自己的全部力量，不停地撞击玻璃窗，不停地撞。它几乎是用生命作为努力的代价，但这并不能改变它不可能穿过玻璃窗的事实。最终，它坠落在玻璃窗下。在坠落的那一刻，它发现一米之外的大门是敞开的，它只需要用它撞击玻璃窗 1/10，甚至 1/100 的努力，就可以达到目标。

成功者肯定付出了巨大的努力，但并不是所有努力的人都能成功。坚

持、努力与奋斗是成功的基石，而明确的奋斗方向则是成功的桥梁。倘若行走的方向与目标背道而驰，那你越努力，就离目标越远，永远无法到达目的地。人在行动之前，应该看清楚自己是否正在正确的路上行走，如果方向错了，就要及时调整航向，而不是盲目地将错误进行到底。

有一个非常勤奋的青年，很想在各个方面都表现的比身边的人强。经过多年的努力，仍然没有长进，他很苦恼，就向牧师请教。

牧师叫来正在砍柴的3个弟子，嘱咐说："你们带这个施主到山上去打柴，看谁打得最多。"年轻人和3个弟子沿着门前湍急的江水，直奔山上。

等到他们返回时，牧师正在原地迎接他们。年轻人满头大汗，气喘吁吁地扛着两捆柴，蹒跚而来。两个弟子一前一后，前面的弟子用扁担左右各担4捆柴，后面的弟子轻松地跟着。正在这时，从江面驶来一个木筏，载着小弟子和8捆柴火，停在牧师的面前。

年轻人和两个先到的弟子，你看看我，我看看你，沉默不语。唯独划木筏的小徒弟，与牧师坦然相对。牧师见状，问道："怎么了，你们对自己的表现不满意？""大师，让我们再砍一次吧！"那个年轻人请求说，"我一开始就砍了6捆，扛到半路，就扛不动了，扔了两捆；又走了一会儿，还是压得喘不过气，又扔掉两捆；最后，我就把这两捆扛回来了。可是，大师，我已经很努力了。"

"我和他恰恰相反。"那个大弟子说，"刚开始，我俩各砍两捆，将4捆柴一前一后挂在扁担上，跟着这个施主走。我和师弟轮换担柴，不但不觉得累，反倒觉得轻松了很多。最后，又把施主丢弃的柴挑了回来。"

划木筏的小弟子接过话，说："我个子矮，力气小，别说两捆，就是一捆，这么远的路也挑不回来，所以我选择走水路。"

牧师用赞赏的目光看着弟子们，微微颔首，然后走到年轻人面前，拍着他的肩膀，语重心长地说："一个人要走自己的路，本身没有错，关键是怎样走。年轻人，你要永远记住，选择比努力更重要。"

现在的年轻人大多都有一个宏伟的目标，可选择道路却各有不同。《红与黑》的主人公于连为了前程放弃了自己的爱情，到头来却要迎接死亡的命运；为了在政治上赢得胜利，尼克松在对手的办公室里安装了窃听器，可最后还是因此让出总统的宝座。很多人都在为自己的目标努力着，可如果方向选偏了，终不能得偿所愿。

每个人都知道，人生的路要选好。可这个世界纷繁复杂，真假难辨，我们又如何能够在千万个选择中，找到最适合自己的路呢？正确的选择来自正确的判断，正确的判断来自过去的经验。世间万物，其实都是相通的，只要善于总结，举一反三，就能避免类似的错误再次发生。可是，大部分人只啃食了失败的苦果，却没有吸取失败的教训，如果再给他们一次选择的机会，他们还会重复当初的错误。

选择是否正确，与人的知识水平有很大关系。如果你不懂计算机，就不可能对计算机的前景做出科学的判断；如果你不懂经济，就不可能对当前的经济形势有理性的认知。正确判断是建立在正确认识基础上的，倘若你对某个行业了如指掌，那你的判断相对于那些门外汉而言，更有说服力，更有成功的可能。

每个人都有自己的性格和特点，适合你的不一定适合别人，适合别人的不一定适合你。所以要学会正确认识自己，选择一条真正适合自己的道路。在适合自己的路上行走，你的努力与辛苦才不会白费。

每个人都有自己的思想，都有自己的选择，客观环境复杂不是你的错，但如果不能将眼前的一切看透，做出最适合自己的选择，那就是你的问题。自己酿的苦果，终究只有自己品尝，没有人可以替代。要想人生过得舒适惬意，那就要不断提升自己，练就自己正确选择的能力。

人生忠告：

青少年朋友，人生只有昨天、今天和明天，你的今天受昨天决定的影响，你的明天将由今天来决定。昨天已经成为过去，我们没办法追悔，但明天却牢牢地掌握在你手中。选择正确的方向，然后在这条路上辛勤耕耘，拼命努力。总有一天，你会收获丰硕的果实。

先雇用自己，再掌控他人

“哈佛的大学生问我，我该去为谁工作？我回答，为那个你最仰慕的人。两周后，我接到一个来自该校教务长的电话。他说，你对孩子们说了些什么？他们都成了自我雇佣者。”

从哥伦比亚大学商学院毕业之后，20 岁的巴菲特带着自己的硕士学位回到了奥马哈，并进入父亲的公司做了一名投资推销员。那段时间，他还在奥马哈大学成人教育部教授投资课。

巴菲特所教授班级的学生平均年龄为 40 岁，当他们第一次看到巴菲特时，都在低声暗笑。他们看不起这个年纪轻轻的小伙子，在他们看来，巴菲特不像老师，更像一个喜欢打篮球的高中学生。

可是，巴菲特开始讲课后不久，下面吃吃地笑声停了下来。“两分钟之后，他就控制了整个课堂。”巴菲特的一位学生说。

你喜欢被人呼来喝去吗？你喜欢自己的意见和观点被统统驳回吗？你喜欢坐在最前面的位置却没有人注意到你的存在吗？没有人喜欢被忽视，也没有人希望自己处于被动的位置。可是，明明不喜欢，为什么还有那么多人一直处于这种尴尬境地呢？因为，这些人不能掌控局面。

当你控制住局面时，所有人的眼睛都会紧紧定格在你身上，他们的思维也会完全按照你的逻辑运转。在你震惊四座的表现中，他们忘记了思考，忘记了反驳，甚至忘记了呼吸。就像被施了魔法一样，你让他们往东，他们绝不会向西。整个现场，只有你在金光闪闪地散发光芒。

所谓“人争一口气，佛争一炷香”。人行走于世，绝对不能卑微地在他人的忽视中过活。我们要做人上人，不仅掌控自己的命运，还要在一颦一笑中对他人的决定产生影响。如果人生是一场球赛，那你的目标，不是前锋，不是守门员，而是掌握球场规则的裁判。

新野公司是一家很著名的大型公司，该公司正在和国外的一家公司就一项专利技术的转让问题进行谈判，对方的谈判专家开出600万的价钱，并且表示没有讨价还价的余地。整个新野公司都在为这件事感到为难，因为这项专利技术对新野公司非常重要，但对方开出的价格却高出了他们可以承受的范围。不得已，他们花大价钱请了当地有名的谈判专家巴巴拉出面。

在谈判桌上，刚刚看到对方谈判代表时，巴巴拉就以一种盛气凌然且有成竹的气势将对方的压倒了。当双方正式进入谈判阶段时，对方表示600万元的价格已经是最低了，不可能再改变，而巴巴拉此时提出新野公司的报价只能是200万元。

在对方不可思议的表情中，巴巴拉表示现在技术专利对时间的要求非常严格，如果长时间找不到买家，等到新的专利出来之后，其价值就会大打折扣。她站在对方的角度替对方分析快速卖出技术专利的重要性。但对方毕竟是谈判高手，知道这只是巴巴拉的一种谈判技巧，所以仍然坚持600万的价格。

这时，巴巴拉表示要和公司同仁再认真地究一下报价，后天再给对方一个满意的答案。面对这种情况，对方使出了杀手锏，表示美国公司代表明天就要回美国，如果新野公司真想购买这项专利产品，今天必须给出最后答案。

在对方的强势威胁中，巴巴拉并没有屈服。她表示如果对方真的要合作的话，就必须再等一天，否则谈判就会宣布破裂。美国公司在巴巴拉的强势态度下，不得已答应再留一天。

到第二次谈判时，巴巴拉表示经过商议之后，新野公司仍然认为200万元是最合理的价格，但是为了能够与该公司建立长久的合作关系，愿意将价格提高到300万元。

原来对谈判已经丧失信心的外国谈判代表，听到这个消息后有些喜出望外，而这个价格正是己方可以同意的底线，所以立刻答应以300万元的价

格将这项技术的专利卖给新野公司。

在整个谈判过程中，巴巴拉始终控制着谈判局面。正是她在谈判过程中的主导地位，为新野公司节省了300万元的资金。

一个能够控制局面的人，一定也能控制人心，控制事态的发展，成为重金难求的人才。这样的人在比赛中，就能在关键时刻稳定队友的情绪；带兵打仗，能使战士信心百倍地冲向敌人的阵营；从事销售工作，能成为销售精英。那我们要怎样做，才能控制局面呢？

要想控制局面，年轻人就要成为某方面的权威。倘若你对别人所讲的话题一无所知，那你如何发表真知灼见，如何让别人认同你的观点，如何让人由衷敬佩你？但如果你对谈论话题进行过深入研究，你的话就有说服力，别人会更容易相信你、信任你，甚至以你的建议为行动的指南。不过，要成为权威需要付出很多的心力，你要有专业的知识、傲人的成绩及良好的信誉，否则别人永远不会将你的话放在心上。

成功没有捷径，但是有方式方法，要控制局面，你还要掌握一些实用的技巧。例如，眼神坚定；语气铿锵有力；必要时可以加一些手势。与他人交谈时，要注意细节，某个细微的部分出现了漏洞，就可能功亏一篑。

人生忠告：

在人生的舞台上，青少年不仅可以成为自己的主角，也可以在他人的舞台上跳出最完美的舞蹈。这样的人运筹于帷幄之中，决胜于千里之外，无论走到哪里，别人的视线都不会移开片刻；这样的人拥有神一样的力量，让人崇敬与膜拜。

独立，摆脱家庭的庇佑

“你认为人们真的欣赏你的才能？没有人特意到超市里买霍德华种出

来的玉米!”

尽管在巴菲特的3个孩子中,小儿子彼得的经济头脑最差,但他却成功地把伯克希尔的股份和自己的音乐天赋结合起来,并成就了自己的事业,最终过上富庶的生活,完全超脱了金钱游戏的范畴。

就在彼得在为自己的成就高兴时,巴菲特给了他当头一棒,他对彼得说:“你认为人们真的欣赏你的才能?没有人特意到超市里买霍德华种出来的玉米!”从父亲的这番话里,彼得意识到如果自己不是股神巴菲特的儿子,他的音乐才华并不会被众人赏识,也没有人会单纯因为自己的音乐才华去雇用广告经纪人,他的成功完全来自于父亲的庇护。

于是,我们看到了这样一个彼得:一方面他继续从事商业性的工作,另一方面,也绝不放弃在音乐方面的追求,他与新世纪公司签约后,制作出自己的音乐小样,并在1991年推出了名为《纳拉达》的专辑。

在古希腊神话中,地神的儿子安泰和敌人格斗时,只要脚不离地,就可以源源不断地从母亲那里汲取能量,所以战无不胜。当这个秘密被敌人发现后,他就被骗到空中,因为得不到能量而被扼死。

父母是我们最坚实的港湾,可这个港湾不可能随时随地都能为我们撑起保护伞。有位名人说过:“滴自己的汗,吃自己的饭,自己的事自己干靠人,靠天,靠祖宗,不算好汉。”与其依靠父母这个不一定时时刻刻会出现的港湾,倒不如自己搭一个吧。这个港湾,就是你自己。

我们看到过许多爱摆阔的富二代,明明自己没有什么本事,却穿名牌,开跑车,出入高档饭店,颐指气使地好像自己就是上帝。但是,那些荣华富贵,难道真是靠他们自己的本事获得的吗?我看未必,他们不过是有一双有权有势又有本事的父母。如果真要和普通人家的孩子相比,大部分都要被比得不敢出来见人了。

那些有钱的公子哥和富家小姐,要知道你花的钱不是你的而是父母的;体面的工作不是自己凭能力找的,而是父母给的,别人不是给你面子,而是给你父母面子。所以,千万不要太把自己当回事,离开父母羽翼的保护,看

看只凭自己的本事,你到底能在社会这片汪洋大海上掠起多大的风浪?

格林尼亚的父亲是法国一家造船厂的厂长,他家里很有钱,父母对他的疼爱简直达到溺爱的地步。优越的家庭环境养成格林尼亚游手好闲的性格,使他成为一个成天只知道吃喝玩乐的纨绔子弟。

有一天,格林尼亚参加一个上流社会的舞会,他看见一位高贵漂亮的姑娘,就去请她跳舞,不料遭到了拒绝。当格林尼亚得知这是来自巴黎的波多丽女伯爵时,立即上前致歉。没想到,波多丽女伯爵更加冷漠,说:“请站远点,我最讨厌你这种花花公子了!”

波多丽女伯爵的话如当头棒喝般重重地打在格林尼亚的心坎里,他开始意识到自己过去的生活多么糜烂。在房内闭门反省多日之后,格林尼亚决心离家出走。他给家里留下了一封信,信中写道:请不要找我,让我重新开始,我会战胜自己,创造出一些成绩的。

离家出走8年之后,格林尼亚实现了出走时许下的诺言。曾经是一个纨绔子弟的格林尼亚,现在已成杰出的化学家。家乡的父老为之欢呼,决定为他举行庆祝大会。但他不愿出席这样的大会,他无法原谅自己青少年时所做出的种种恶劣行为,无颜面对家乡的父老乡亲。

后来,格林尼亚收到一封贺信,贺信只有一句话:“我永远敬重你!”这是波多丽女伯爵在病中伏榻写给他的。

可怜天下父母心,他们总是望子成龙或望女成凤,舍不得我们受苦,却也一心希望我们能成功。所以,他们费尽心思在我们在前面开辟了一条宽敞大道,希望我们踏着这条大道向前迈进。可是,在家庭的庇护之下,我们真的就能顺风顺水且毫无阻碍走完人生路吗?这样不思进取的人生,难道就是我们想要的吗?

被波多丽女伯爵嘲笑之前,格林尼亚从来都没觉得自己有什么不好,他不知道自己的游手好闲,不知道自己的无知,不知道自己的自以为是,更不知道自己之所以能在家乡耀武扬威、呼来喝去,完全靠爸爸的本事。可是,他很幸运,因为他在自己还没有完全堕落时,遇到了波多丽女伯爵,波多丽女伯爵让他及时了解到自己从前的人生有多么可悲。

良药苦口利于病,忠言逆耳利于行。波多丽女伯爵是格林尼亚的良药,那你的忠言和良药又在哪呢?你是否是觉悟之前的格林尼亚呢?好好思考一下自己的人生,说不定你会发现,除了父母的庇护,除了你有钱人孩子的名号,你其实什么都不是,什么都没有。

格林尼亚知道,守在父母的身旁,他永远都不可能得到真正的成长,永远都不知道只凭借自己的本事,到底能走多远。所以,他选择背井离乡,选择在艰苦的环境中磨炼自己。而且在这种环境中,他真的找到了自己该走的路,并取得了举世瞩目的成就。

当然,离开家庭的庇佑并不意味着我们要和过去的生活说再见,也不意味着我们要独自面对将来未知的世界。只是我们要明白:在走向明天的路上,或许晴空万里,或许电闪雷鸣,无论我们将要经历什么,明天都掌握在自己手中,未来的路只能靠我们自己去闯。

人生忠告:

鸟儿要想学会飞翔,就得学会自己张开翅膀;花儿要想芬芳,就要自己学会绽放。今天你可以依靠父母,但他们百年之后,你又能继续依靠谁呢?家庭可以庇护你一时,却不能庇护你一世,唯一一生能为你遮风挡雨,为你带来温暖阳光的,只有你自己。相信自己,即使没有父母的支撑,即使年轻,你也能走得很远,也可以看到外面的精彩。

放手去做,获得自己的成功

“我们之所以能取得目前的成就,是因为我们关心的是寻找那些我们可以跨越的 1 英尺(1 英尺等于 0.3048 米)障碍,而不是奢望拥有能飞越 7 英尺的能力。”

1945年,正在上高中的巴菲特,突然决定在内布拉斯加投入1200美元购买一个农场,这个农场有40多亩,还没有人开垦过。他的这一举动让所有同学都感到惊异,就连朋友和亲戚们也都劝他要慎重。

可是,巴菲特决定了的事,从来都不会轻易改变,他将自己的决定告诉了父亲。巴菲特的态度显然不是在找他商量或征求意见,这让父亲既喜又忧,喜的是孩子对这件事充满信心,显示了独立的操作能力,忧的是孩子毕竟没有成年,这种过分的独立性确实令人担心。

事实证明,巴菲特的父亲多虑了,巴菲特简直是个商业神童,他将农场出租给当地的农民,不久便收回了成本,还赚了不少钱。

面对人生抉择时,你是否能自己决定?面对棘手的问题时,你是否能独自解决?在人生的路上,你是一个事事依赖他人,依附别人生存的人;还是一个独立自主,能够独自面对命运的人?不少人的生活看似光鲜亮丽,其实事事不能自主,命运如蚂蚁般掌握在别人的手中。这样的人生就像一个七彩的泡沫,看上去很美,可转瞬之间,就无声无息地消失在空气中了。

有一个小女孩,在她5岁生日那天,父亲把她叫到跟前,语重心长地说:"孩子,你要记住,凡事要有自己的主见,用自己的大脑来判断事物的是非,千万不要人云亦云。这是爸爸赠给你的人生箴言,也是爸爸给你的最重要的生日礼物,它比那些漂亮的衣服和玩具有用多了!"

从此之后,这位父亲就要求女儿帮忙做家务,10岁时就要她在自家的杂货店站柜台。在父亲看来,自己给孩子安排的都是力所能及的事情,所以不允许女儿说"我干不了"或"太难了"之类的话,希望借此培养孩子的独立能力。

女孩上学之后,她惊奇地发现自己的同学拥有比自己更自由且丰富的生活,他们一起在街上做游戏和骑自行车。星期天,他们还去春意盎然的山坡上野餐,一切都是多么诱人啊!女孩幼小的心里痒痒的,幻想能有机会与同学们自由自在地玩耍。

终于,女孩鼓起勇气对充满威严的父亲说:"我也想去玩。"父亲的脸一沉，说：“你必须有自己的主见，不能因为你的朋友在做某件事情，你也跟着去，现在你自己决定该怎么办，我相信你有独立判断的能力。”

听完父亲的话，小女孩不吱声了，父亲的一席话深深地印在了她的脑海里。她想：“是啊，为什么我要学别人呢？我有很多自己的事要做，刚买回来的书我还没看完呢。”

从那以后，小女孩不再受外界诱惑的干扰，开始自己独立决定一些事情。50 岁时，她竞选保守党领袖获胜；54 岁时，保守党在大选中获胜，她成为国家首相。她就是英国第一位女首相，素有“铁娘子”之称的玛格丽特·撒切尔夫人。

能够牢牢把握自己命运的人，一定是一个独立自主的人。这样的人，不为权势所屈，不为淫威所折服，他们有自己的思想，自己的见解，他们生命的主宰，除了自己，绝无他人。而一个独立的灵魂，往往能跳出三界外，将世间的一切看得清清楚楚，明明白白，成为能人所不能的人上人。

索尼娅的父母早逝，从小就与弟弟哈尼斯相依为命。当父母离开的那一刻，索尼娅就发誓要尽自己最大的努力，让自己唯一的亲人过上幸福的生活。她每日起早贪黑，一天打三份工，让弟弟念最好的学校，为他料理好一日三餐，洗衣叠被，任何家务都不用他做。在索尼娅的精心照顾之下，哈尼斯如愿考上了哈佛大学。

开学当天，索尼娅准备好行李与哈尼斯来到学校，为弟弟料理好一切之后，连夜回到了家，心想自己的心愿终于实现了。可就在哈尼斯开学后的第三天，他意外出现在家门口，告诉索尼娅自己不读哈佛了。

索尼娅惊恐万分，问哈尼斯发生了什么事，哈尼斯用责怪的眼神看着索尼娅说：“都怪你，从小到大，什么事都不用我做。在学校里，我不会叠被，不会洗衣服，什么都不会，同学们都嘲笑我，我不想再回学校了。”

索尼娅没想到，自己一心想给弟弟最好的，结果却忘了给他最需要的其实是独立生活的能力。

一个不能独立自主的人，或许在亲人的羽翼下，朋友的帮助下可以生活

的无忧无虑。可任何保护伞，都有经不住风雨的那一天。离开了赖以生存的支柱，你还能依附谁继续生活呢？靠山山会倒，靠人人会老，求人不如求己，人最坚实的依靠，还是自己。所以，我们必须学会独立自主，靠自己的头脑和双手，为自己编织一个永远不会倒下的保护伞。

人生忠告：

植树想要生长，就要靠自己的力量吸收大地的营养；雄鹰要想翱翔，就要靠自己的力量搏击长空；水滴要想永存，就要靠自己的力量汇入大海；人要想活得精彩，就要靠自己的力量屹立于世。作为逐渐独立的青少年，自己的事要学会自己做，自己的困难要学会自己克服，让独立自主成为你的一种习惯，让独立自主成为你的一种思维，这样你就是宇宙中的枭雄，任何力量都不能将你打倒。

做事前多调查才易成功

“你真能向一条鱼解释在陆地上行走的感觉吗？对鱼来说，陆上的一天胜过几千年的空谈。”

巴菲特每次出去吃饭或购物，掏出钱包刷信用卡付账后，并不会马上离开，而是在收款机后面站上十几分钟，甚至更长的时间。他在看什么呢？他在看来付款的顾客用的是什么卡，美国运通卡、维萨卡还是万事达卡？正是通过这种生活中的大量调研，巴菲特抓住了美国运通的投资良机，在这只股票上赚了70多亿美元。

为什么巴菲特可以在股市的风云变幻中长立不倒？为什么巴菲特的投资眼光令世界上所有人汗颜？巴菲特坦言，他投资的秘诀之一就是多做调查，多摸索。

一些投资者为了省事，就买一些软件或信息系统，这样一打开电脑，就能知道市场的最新消息。但是，只是阅读有关书面资料是不够的，因为这些资料只是个人之见，或者其中隐瞒了一些重要信息。只有经过实地调查，才能知道他人所不知道的信息，从而判断哪支股票更有投资价值。

大部分人都喜欢道听途说，听说这个行业挣钱，就下血本想要大干一场；听说那桩生意有利可图，就赶紧张罗着想从中分一杯羹。实际上，别人说的可能也是听说的，他并没有亲身经历过，这些话的含金量，值得我们好好思量。

就算别人说的是铁一般的事实，可适合他的不一定适合你，对别人来说是金山，对你来说可能就是火坑。别人的千言万语，比不上一次实际调查来得有意义。调查每深入一分，投资失利的可能性就少一分，从中获利的可能性也多一分。

有个国王要在全国选出一个大法官，经过重重考试之后，有 3 个人进入了最后的选拔。其中一个是皇室贵族，一个是追随国王征战多年的武士，一个是普通教师。

他们被带到了王宫的后院，那里有一个小湖，湖面的远处漂浮着几个葫芦。国王问贵族："湖面上有几个葫芦？"贵族走到湖边，仔细数了数，回答说："国王，一共有 8 个。"

国王没说什么，转过身来，又问武士："湖面上有几个葫芦？"武士根本没向湖边走近一步，就说："国王，我看到的也是 8 个。"

国王还是没说什么，最后问教师："湖面上有几个葫芦？"教师没有回答，他走到湖边，脱下鞋子，游到湖里，把葫芦拿起来看了一遍，然后大声对国王说："报告国王陛下，一共只有 4 个葫芦，它们都是从中间剖开的半个葫芦。"

国王笑了，说："你才是我需要的大法官，在得出最后的结论之前，应该寻找证据证明，他们两个看到的都不是真相。"

生活中很多事都是会骗人的，远远看去是这样，可走近一看，又变成了另一番模样。所以，任何事都需要实地调查。世上到处都是聪明人，但更多的却是懒人。调查是一件很辛苦的事，一些人懒得动手，懒得动脑，以至于

自己做决定时，脑筋还是一团糨糊。不要觉得调查是一件费事的事情，因为如果你投资失误，那你付出的代价，很可能会超出可以承受的范围。

那些做事不做调查的人，大多是投机主义者，他们对生活总是抱着侥幸的态度。在内心深处，他们一直在祈祷自己所做的决定是正确的，祈求上帝能够偏爱自己。这种人其实是在做一场赌博，赢和输的可能性各占50%。赢了，就能得到自己想要的结果；输了，就要为此付出代价。赌博者，幸运之神不可能跟随他一辈子，在赌桌上的时间长了，总会有失手的时候。

娜塔莉在咨询公司工作了5年，可以说是这个行业中的元老级人物。在她看来，凭着自己多年的经验和人脉，辞职创业应该是件很轻松的事。于是她向老板递交了辞职信，租了间办公室，招了两个人，印好名片准备大干一场。

可是创业刚开始，困难就接踵而来。前些年，咨询公司少，没有竞争压力，搞出几个点子就能够赚一笔大钱。现在，咨询公司多如牛毛，竞争异常激烈，很难做出特色。客户在选择的过程中，喜欢找名气大且规模大的咨询公司，像娜塔莉经营的这种小公司，根本就无人问津。

苦撑了一段时间之后，娜塔莉不仅没赚到钱，反而赔了不少，最后不得不关门大吉。

娜塔莉之所以会失败，是因为她没有调查清楚行业环境就盲目行动。创业不是一件小事，一招棋下错，就可能满盘皆输。做事之前，一定要先实地调查一番，看看你的计划是否可行。盲目投资不叫勇气，而叫愚蠢，是一种对自己不负责任的表现。

生活中很多时候，我们是冲动且盲目的，做事只凭直觉或一时冲动，等到发现自己错了之后，又在懊悔中自责。可是，世界上是没有后悔药的，事后后悔永远于事无补，提前调查才是预防错误的根本。

没有流过血，你就不知道血是红色的；没有流过泪，你就不知道眼泪是咸的；没有种过地，你就不知道粮食是怎样长出来的。实践出真知，实地调查一番，你才能知道哪些信息是真，哪些信息是假，这样才能做出正确的决定。

人生忠告:

每个人的生活都不容易,没有人能随随便便成功,如果你的决定不谨慎,那事情发展的结果很可能与你的想法背道而驰。你现在所拥有的实属来之不易,要学会好好珍惜,拿它们来一场豪赌,只会输了你自己。多调查,多思考,才是真正的生存之道。

精打细算让你收获丰富

“选择少数几种可以在长期拉锯战中产生高于平均收益的股票,然后将你的大部分资金集中在这些股票上,不管股市短期涨跌,坚持持股,稳中取胜。”

众所周知,巴菲特节俭的程度简直可以称之为吝啬。可是1986年的某一天,他却给朋友沃尔特·斯科特打电话说:“沃尔特,你觉得我买一架私人飞机怎么样?”斯科特却回答:“你不必问我,我想你自己能找到适合的理由。”

两天后,已经找到答案的巴菲特再次打电话给斯科特:“沃尔特,我已经找到答案了,现在我想问你的是,怎么找到飞行员帮你开飞机,还有你是怎么对飞机进行护理的?”

有人说,巴菲特购买私人飞机的这一做法违背了他一向节俭的原则,真的是这样吗?这架飞机虽然花费了巴菲特1.85亿美元,但却为他节省了大量的时间。作为股神,巴菲特的时间岂是1.85亿美元就可以买到的,利用这1.85亿美元为他节省下来的时间,巴菲特可以为公司赚取更多的利润。而这些利润,是这架飞机的几倍、几十倍,甚至几百倍。

每个人的价值不同,计算其贡献、获益和付出的标准也不尽相同,每个

人都要根据自己的实际情况做个精于计算的高手,这样才能最大限度的发光发热,获得最大收益。

一个成功的商人,一定是一个计算的高手,他能轻而易举地计算出成本是不是过高了,事情的下一步会怎样发展,会有什么样的意外情况发生……将所有的因素都计算在内,他就能轻而易举地将所有的事都掌握在自己手中,让事情按照自己期望的方向发展,一步步达到预期目标。

一个精于计算的人,会时时刻刻保障自己的权益,不会让别人多占自己的便宜;一个精于计算的人,会在权衡各种利害关系之后,找到使自己最大获益的方法;一个精于计算的人,会小心谨慎,步步为营,让计划永远紧随着变化。不要认为那些精于计算的人就是斤斤计较或心胸狭小的小人,这其实是一种高瞻远瞩的智慧,是一种脚踏实地的奋斗,所有事业有成与生活美满幸福的人都有一个共通点,就是精于计算。

格蕾丝从小就和亲人聚少离多,家人关系十分冷漠。从小就不依赖家人的她,在工作中十分独立,成立了自己的公司,年纪轻轻就成了商场上叱咤风云、无往不利的女强人。可是,在她的内心深处,却十分羡慕他人一家人围在饭桌旁其乐融融的情景。

本以为自己一生无缘享受亲情的温暖,可母亲突如其来的一场大病,唤醒了她内心沉睡已久的亲情。医生宣布,母亲的病可以医治,但需要一大笔费用。格蕾丝和家人拿出了所有的积蓄,动用一切关系借了一大笔钱,可这些加起来还是不够支付母亲的医疗费用。

格蕾丝的母亲不愿意成为家人的负担,表示要放弃治疗。格蕾丝知道后,坚决反对,称自己一定可以凑齐母亲治病的费用。不久,她变卖了自己倾注了全部精力的公司,凑齐了母亲看病所需的费用。

母亲康复了,可格蕾丝却因此变成了一无所有的人。陪母亲散步时,母亲深深叹了一口气,说:“傻孩子,你不该为了我这个风烛残年的人断送了自己的大好前程,你真是太不懂得计算了!”

格蕾丝冲着母亲笑了笑,说:“公司没了我可以重新创办,可你如果有什么事我就永远追悔莫及了。况且,以前我总是忙得天昏地暗的,根本就不能好好休息,现在公司没了,我终于可以好好享受生活了。用一家公司换你的命、我渴望已久的亲情及好好休息的时间,这是我迄今为止做的最值的一件事。"

从经济的角度看,格蕾丝确实是得不偿失;但从情感和健康的角度看,她却是"一箭三雕",不愧为一个精于计算的高手。不同于数学中套有固定公式的计算,生活工作中的计算要考虑情感与心情等众多复杂的因素。在这些因素面前,没人能明确告诉你怎样做才能让你成为最大的赢家。有些人穷尽一生都在追求财富,有些人平凡普通,却只为简单过活。每个人的所思所想都不尽相同,但不管你想要的是什么,只要精于计算,就一定能得到自己想要的。

人是很贪心的动物,想得到一切,却又舍不得放弃哪怕一点点东西,他们往往只看到自己失去了多少,却从不深究自己到底从中得到了什么。有得必有失,有失必有得,只收获不投资的好事是绝对没有的。一个精于计算的高手,从不在乎自己付出了什么,他在乎的是自己究竟能得到什么。如果最终得到的远比付出的更有意义,更有价值,那就算砸锅卖铁,倾尽所有,他也会毫不犹豫地行动。

人生忠告:

其实,生活就是一道计算题。计算对了,你就能将幸福紧紧抓在手中;计算错了,往往"一招下错,满盘皆输",与成功失之交臂。想想你生命中最重要的是什么,好好计算一下自己距离它还有多远,然后一步一个脚印,脚踏实地地按照你的计算行事,将一切都纳入自己的羽翼之下。

寻找正确的咨询对象

"与其听取投资银行家关于是否成交的观点,倒不如问一问理发师你是否需要理发。”

如果你不知道自己是否需要理发，那千万不要向理发师征求意见，同样如果在投资的时候你不知道是不是应该成交，那千万不能听取投资银行家的观点。每个人都有自己说话行事的立场。巴菲特明白，当遇到问题和麻烦时，要仔细斟酌自己的咨询对象是不是真的值得信任和依赖，通常立场客观者的意见最具有参考价值。

人生在世，总会遇到这样或那样的难题，我们会自然而然地向他人寻求帮助，期望他们能帮自己摆脱困境。可这些人的意见是对是错，是客观还是存有私心，你能做出正确的判断吗？一个错误的决定，轻则浪费时间和精力，重则令你后悔终身。所以我们咨询意见时，也要找靠得住的人，错误的人或错误的意见，只会把我们引向错误的路上。

有人说，随便相信他人话的人是傻瓜。的确，现在社会这么复杂，到处都是真真假假，不能完全相信所有人的话。说谎骗人固然可恶，但轻易相信他人谎言是不是也应该自我检讨一下？如果他能够洞察他人说话的立场，那对方的谎言再天衣无缝，也不会轻易相信，更不会走入圈套却不自知。

有一只凤凰想找棵树安家，可它又不知道哪种树才是最适合自己的栖息之地，所以，它想找人咨询一些意见。

凤凰在河边看到一棵随风飘舞的柳树，觉得非常漂亮，就问：“我适合在你这里安家吗？”柳树骄傲地说：“当然，风吹过时，我细长的叶子可以把你的羽毛衬托得更美丽。”于是，凤凰在柳树上安家了。可是，凤凰很快就发现，风吹起的时候，柳树的枝干总是摇摇晃晃的，它还来不及欣赏风中自己漂亮的羽毛，就重重地摔在了地上。

之后，凤凰看到了一棵槐树，很喜欢它粗壮的枝干，问道：“我适合在你这里安家吗？”槐树高兴地说：“我的枝干又粗又壮，再大的风都不怕，你在我这里安家吧！”果然，大风刮起时，槐树的枝干总是一动不动，十分可靠。可有一天，凤凰正在睡觉时，突然感觉身上一阵疼痛，醒来一看，四周都是虫子，正在啃食自己的身体，吓得它赶紧飞走了。

被虫子吓跑之后,凤凰一口气飞到了白杨树上。白杨树听凤凰的遭遇后,得意地说:“凤凰妹妹,我不仅枝干粗壮,而且绝对没有虫子,你何不在我这里安家呢?”凤凰看了看,确实如白杨树所讲。就这样,凤凰又在白杨树上安了家,可一段时间之后,它厌倦了四周荒凉的环境。在这里,没有人欣赏它美丽的羽毛,也没有人陪它聊天,它只能望着一望无际的戈壁滩发呆。最终,凤凰还是耐不住寂寞,离开了白杨树,继续寻找适合自己的栖息之地。

凤凰飞啊飞,飞到了海边,遇到了一条正在海边玩耍的神龙,凤凰对它说出了自己的难处。神龙很真诚地告诉凤凰:“你是世界上最尊贵的鸟类,所有的树都希望借助你的尊贵提升自己,它们的话怎么能相信呢?”

“那谁的话才可以相信呢?”凤凰不解地问。

“你如果真要找人咨询意见,那些立场客观的人最可靠了。”

凤凰觉得神龙的话很有道理,于是跑去向牡丹咨询。牡丹告诉凤凰:“你身份高贵,当然也要找高贵的树种居住了,只有千年梧桐才配得上你的身份。”听了牡丹的话后,凤凰飞啊飞,飞过千山万水,终于找到了一棵千年梧桐。在看到千年梧桐的第一眼,它就深深地喜欢上了它,并决定永远在这里栖息。

中国人希望中国永远繁荣富强,美国人希望美国永远是世界上唯一的超级大国,人是有私心的,这种私心可以令人一时丧失理智,说出一些言不由衷的话。一个聪明的人,会从对方的立场考虑这些话的真实性,而不是不假思索地相信别人的话,然后做出令自己后悔的事。

所谓当局者迷,旁观者清。当你陷入两难境地时,最应该向立场客观的人征求意见。没有利益的冲突,没有情感的羁绊,立场客观者能一眼看透你费尽脑筋都琢磨不透的事情,给你最诚恳的建议,指引你解开心中的谜团。而那些存在利益关系或别有用心者,只会给你错误的信息,让你离目标越来越远。

一个人的认识是有限的,即使对方可以放弃立场和你说出自己的肺腑之言,可他们的话就真的百分之百正确无误吗?许多人们自以为正确的想

法，在经过实践的检验之后，往往被证明是错误的。人应该有自己的判断，即使听取了别人的意见，也要分清哪些适合自己，懂得“取其精华，去其糟粕”。

人生忠告：

一个正确的咨询对象，如荒漠中的绿洲，帮你在人生低俗时摆脱困境；如茫茫大海中指路的明灯，让你在狂风暴雨中不会迷失方向；如一位孜孜不倦的导师，让你坚定人生正确的航向。年轻人请保持头脑清晰，睁开你的火眼金睛，看看谁才是困境时可以依靠的对象，看看谁才是你应该咨询的对象。

与胜利者站在一起

“在伯克夏，我经常把球棒交给许多美国业界最有分量的击球手。”

Bennett 是一位酷爱棒球的球童，立志要成为一名优秀的棒球选手，为了实现自己的梦想，他一直不断跳槽，直至进入棒球联赛冠军队。最后，他终于跟随棒球联赛冠军队一起取得了成功。2003 年，在致股东的信中，巴菲特以 Bennett 作为例子，表达了自己的管理理念。他自比球童，说：“在伯克夏，我经常把球棒交给许多美国业界最有分量的击球手。”

要想成为一个胜利者，就要同胜利者一起工作，这是巴菲特成功的又一秘诀。

没有人想要失败，没有人希望自己辛苦的努力得不到鲜花和掌声；更没有人愿意在别人的指指点点前，品尝失败的苦果。胜者为王，败者为寇。在失败和成功的较量面前，胜利者永远是英雄，失败者永远是狗熊。

人们之所以崇拜胜利者，不仅仅因为胜利者做到了自己所不能做到的事，更因为和他们站在一起，我们似乎也可以到达成功的巅峰。和胜利者站在一起，你的思维会更灵活，视野更开阔；和胜利者站在一起，他会带领你奋勇直前，减少行进路上的弯路。

美国有位名叫威廉的农家少年，一心想成为百万富翁。有一天，他在杂志上读了大实业家丹纳的故事，对他心生佩服，很想与他结识。

有了这样的想法与动力之后，他来到丹纳的事务所。一开始，丹纳觉得这个少年有点讨厌，然而一听少年问他："我很想知道，我怎么才能赚到百万美元？"他的表情变得柔和并微笑起来，两人竟谈了差不多1个小时。随后丹纳还告诉威廉怎样去访问其他实业界的名人。

结识了众多商业名流之后，威廉的视野变得开阔了，并学到了经商的智慧，他下决心要在商场上干出一番事业来。

两年后，这个20岁的青年，成为当初他做学徒的工厂的所有者。24岁时，他成了农业机械厂的总经理。就这样，在不到5年的时间里，威廉就如愿以偿地赚到了百万美元。后来，这个来自乡村粗陋木屋的少年，成为银行董事会的一员。

古人云："与善人居，如入芝兰之室，久而不闻其香，即与之化矣。与不善人居，如入鲍鱼之肆，久而不闻其臭，亦与之化矣。"威廉之所以能够成功，是因为他有意识的和胜利者站在一起，并学到了胜利者的智慧。与什么样的人交往，我们就能成为怎样的人，他们在很大程度上决定着我们的前途是一帆风顺还是迂回曲折，是登上巅峰还是跌入谷底。

当别人胜利时，不要被嫉妒冲昏了头脑；不要因为成功的不是自己，就将对方纳入自己的敌视范围之内。成功者自有成功的原因，失败者自有失败的道理。如果你还没有成功，就想尽一切办法站在胜利者的身边，弄明白人家胜利的原因，并让他帮助你不断进步，越来越接近胜利的终点。

兔子和蜗牛是好朋友，两个人约定好将来无论发生什么事都会相互扶持，不离不弃。大灰狼一直都想把兔子吃掉，可是这只兔子跑得实在是太快了，他绞尽脑汁也没有办法抓住兔子。

终于，大灰狼发现了兔子的弱点，趁兔子和蜗牛在晒太阳时对它们发起

攻击。若是平时，兔子见到大灰狼肯定会撒腿就跑，可这一次，它没有这样做，因为它不愿背弃自己与蜗牛的承诺。

所以，看到大灰狼之后，兔子的第一反应就是将蜗牛背在背上。就在兔子把蜗牛背起的一瞬间，大灰狼瞅准机会抓住了兔子，美美地饱餐了一顿。

兔子之所以被吃掉，不是因为它跑得不够快，而是因为它和跑得最慢的蜗牛站在一起。理想者的目标应该是与鹰共翱翔，而不是让小鸡拖累本可以自由飞翔的翅膀。如果你身边的人大多都不甚积极、没野心、没目标、没有成就，而且每天都在浪费时间，牢骚不断，久而久之，你就会慢慢变得和他们一样。要知道，消极情绪会吸干你的时间和热忱，让你觉得生活疲惫无意义。所以，想要获得胜利，绝对会将失败者列入黑名单，将其排除在自己的安全范围之外。

可悲的是，一些满心期望成功的年轻人并没有意识到自己正与消极者为伍，并没有意识到自己正在一步步沦为失败者。他们的情况，就像掉进了一片巨大的沼泽，尽管用力挣扎，却还是不能摆脱沦陷的命运。

胜利者就像比赛中获胜的冠军一样，他们整天都在思考，面对每天的工作，习惯性地挖掘能够做什么，而不是担心不能做什么；胜利者从不期望无所付出而有所收获，他们心甘情愿地为实现目标而付出时间、金钱、努力和创造力；胜利者遇到困难不会做缩头乌龟，而是像弹簧一样越挫越勇，并充满信心地期待着将环境中的消极因素转化为积极的有利条件。与胜利者相处久了，你会认同与他们的价值观、态度、行为方式及思维模式，而这些，正是你能否站在成功巅峰的关键所在。

人生忠告：

要想成功，那就宁可与胜利者之间有千里之隔，也绝不拉近与失败者一丝一毫的距离；宁可为胜利者提鞋，也绝不与失败者肝胆相照。

掌控命运，丰富情感做生活的主人

青少年朋友们，虽然展现在你们面前的人生角色还比较单一，但每个人都是自己生活的主宰。可许多人却在追逐成功的路上，沦为了财富的奴隶，让生活偏离了正确的轨道。自己的生活应该自己做主；自己的命运，应该自己掌握，不要在人生的漫漫长路中失去了自我，也不要让生活在你的妥协中变得暗淡无光，为生活注入一股新鲜的空气，还心灵一份充实和满足。

简单才是幸福生活的真谛

“我喜欢简单的东西。”

巴菲特是世界上最富有的人,但他的生活其实和普通人没有什么两样,如果用两个字概括,那就是“简单”。在巴菲特看来,简单的生活包括不注重外表,不需要每天把头发梳理得很整齐,不穿熨烫得很整齐的衣服,如果需要打领带,也不一定非得和西装配套。

巴菲特说:“我对物质的要求不太强烈,我喜欢过简单的生活。”因为崇尚简单,所以他也不希望孩子们的生活过于复杂。在孩子们眼中,他是一个平凡的父亲。在父亲的影响下,他们的生活与普通人家的孩子无异,丝毫没有富豪家庭的奢侈。他们像自己的父亲一样,喜欢并享受着简单淳朴的生活。

简单做人,要看重自己所拥有的,不看重自己没有的。

在生活中,有些年轻人喜欢追求荣华富贵与名利地位,其实说到底,不过是在追求复杂。在这种复杂的生活中,痛苦与烦恼随之而来;欢声笑语随之而去。我们想要得到很多,但得到的总比失去的少。与其在追求复杂中烦恼,不如追求简单且洒脱的生活。简单,不失为一种生活策略。

生活就好像背着背包去旅行,装的东西越多,自己的脚步就越沉重。与其让自己在疲惫和痛苦中前行,不如将心里的包袱放下,做最简单、最幸福的自己。丽莎·茵·普兰特说过:“简单不一定最美,但最美的一定简单。”人生不需要奢华,简单的生活可以恰到好处地诠释幸福。

简单生活,就是一种简单的幸福。人不管多富有,多负有盛名,需要的也不过是一日三餐及一张睡觉的床。其他任何事,多了不会使我们的生命延长,少了也不会使我们的生命缩短。为一些身外之物牺牲自己的健康,增

添无谓的负担，减少与家人共享天伦的时间，这样的生活，真的就是你想要的吗？你真的会因此而得到幸福吗？

爱露恩和贝拉是从小一起长大的好朋友，两个人一起上学，一起玩耍，一起许下美好的愿望。上学时，两人成绩不相上下，要强的爱露恩总是悄悄地希望自己能够超越贝拉，成为全班第一名。

中学时，贝拉因为家庭贫困辍学了，投入了打工的大潮，从此和爱露恩失去了交集。而爱露恩升入了高中，顺利考上了大学，毕业后，在一所排名世界五百强的企业里找了一份好工作，嫁了一个好老公。在所有人眼中，爱露恩是幸福的。

有一次，爱露恩带着5岁的女儿到一家餐馆吃饭，不经意间，看到了身为服务员的贝拉。许久不见，两个人都聊起了各自的生活。贝拉摸着爱露恩女儿的头，说："这是你的孩子吧，真可爱。我也有一个儿子，和你的女儿一般大，他每天都缠着他爸爸，父子俩经常玩得忘了回家。"贝拉还告诉爱露恩，自己的老公是个厨师，为人很老实，对她也很好，虽然两个人的生活不是很富裕，但她很开心。

爱露恩邀贝拉到自己家做客，贝拉却说："不了，我要回家了，如果我不早点回去，老公和儿子晚上会失眠的。"

看着贝拉满脸幸福的表情，爱露恩想到自己的丈夫从来都不会因为自己失眠，也很少带女儿出去玩，自己还时不时地听到他和公司一些女同事的绯闻。结婚后第一次，爱露恩觉得自己是不幸福的。此刻，她真的希望能和贝拉交换一下，去过她那种简单幸福的生活。

世界上的每个人，都在属于自己的人生轨迹上寻觅幸福，可有些人终其一生也不明白幸福的真正含义是什么。幸福其实是一种感觉，一种发自内心的甜蜜，它不由财富的多寡或地位的高低所决定，不会因为任何的荣辱得失而改变。只要你坚信自己是幸福的，那你就是幸福的。

对男人而言，在外打拼一天之后，有一个善解人意的老婆等自己回家，为自己烹调可口的饭菜，这就是幸福；对一个女人而言，伤心时有人在旁边守护,受委屈时有人为自己出头,有人因为自己的快乐而快乐,有人因为自己的悲伤而悲伤,这就是幸福;对孩子而言,晚上睡觉有妈妈讲故事,周末可以和爸爸一起出去玩,摔倒了有人抱起,这就是幸福;对于老人而言,逢年过节有子女回家团聚,生病时有人在一旁守候,子女遇到难题会和自己商量,看着孙子孙女健健康康地长大,这就是幸福。

一些沾染了社会俗气的年轻人,在幸福和金钱之间画上了等号;更有一些浅薄无知之辈,宁愿在宝马里哭,也不愿在自行车上快乐地笑。金钱或许可以为你带来豪宅、跑车,甚至名气,但钱不是万能的,他买不到健康,买不到真情,更买不到你开怀的笑容。如果有钱就真的可以拥有一切,那为什么富家太太会一掷千金借购物宣泄不快?为什么百万富翁与千万富翁会有“高处不胜寒”之感?

你虽然没有豪宅,但你有一个只要想起就会情不自禁微笑的家,所以你是幸福的;你没有跑车,但在交通拥挤的城市里,有人愿意骑着自行载你走街串巷,所以你是幸福的;你不能常去高级餐厅吃烛光晚餐,但有人愿意为你下厨,做你爱吃的饭菜,所以你是幸福的。一个人最好想清楚,怎样的生活才是自己想要的,怎样的感情才能让你感到幸福?如果你不知道自己想要怎样的幸福,那你再努力,也揭不开幸福神秘的面纱。

人生忠告:

上天对所有人都是公平的,它让你有所失,必让你有所得。不要只关注于自己得不到的,要多看看自己拥有的。看看你周围关心的目光,期盼的眼神,你会发现幸福原来一直都在你身边,能够在这个世界上简简单单的生活,就是一种幸福。

投入大自然的怀抱

“闭上眼,将自己融入自然当中,你会发现,生活处处都是美好。”

巴菲特是个不折不扣的工作狂，每天可以工作十几个小时，可是，他并不是一个不懂得享受生活的人。闲暇时，他喜欢带着家人一起去旅行，聆听大自然的声音。

在商场中打拼了多年之后，巴菲特开始回归自然。他喜欢置身于大自然时全身放松的感觉。对他而言，这是能暂时摆脱俗世烦扰的无比珍贵时刻。

城市灯红酒绿的繁华看似诱人，实际上却只是浮光掠影，并不能给人真正的享受。高耸的城市建筑，再怎样雄伟，也死气沉沉的没有生气；一桌的山珍海味，在油炸红炖的烹调之下，已经失去了原始的味道；花园里的花开得再艳丽，也没有山谷百合的幽香；树种再怎样名贵，也没有原始森林中的生命力旺盛……在城市浮华的后面，是人类天性的束缚和压抑。

很多年轻人都向往城市的舒适和便捷，倾尽一生的努力，只为在城市站稳脚跟。为了这个梦想，他们每天匆匆忙忙穿梭于人群当中；在高级写字楼里，穿着高跟鞋或西装革履地做着繁重的工作。满足物质需求后，他们以为自己正在享受生活，殊不知，这样只会提前透支生命，让灵魂为生活所累。

由于长期的工作压力，贝尔太太患了严重的失眠症，每天的睡眠都不足4小时，严重影响了她的生活品质和工作效率。她每天都为这事发愁，可看了很多医生，尝试了许多方法，睡眠状况还是没有得到任何改善。

有一天，贝尔太太收到姑姑写来的信，信中邀请她到乡下住一段时间。当时，贝尔太太已经被失眠搞得快要崩溃了，也想换个地方放松放松心情，所以就简单收拾了一下行李，登上了去乡下的火车。

在乡下的这段时间，贝尔太太感受到从未有过的放松。每天睁开双眼，都能透过窗户看到外面灿烂的阳光，然后在小鸟叽叽喳喳的叫声中，贝尔太太懒懒地伸个腰，穿好衣服下楼。

姑姑所住的乡下盛产茶叶，贝尔太太偶尔会和姑姑一起到山上看茶树。起风时，微风吹过贝尔太太的脸，凉凉的，很舒服。茶叶的清香，在空中慢慢绵延，沁人心脾。口渴了，从不远处的小溪中取点水，天然的流水，比城市里所有的饮料都甘甜可口。

吃过晚饭后，贝尔太太喜欢到小河边散步。抬头看着满天繁星，思绪飘啊飘，一直飘到天尽头。夜的静谧，给了她无限的遐想。

贝尔太太发现，不必费心，不必依靠任何药物，她的失眠渐渐开始好转。脸色变得愈加红润，精神状态也比之前有了很大的改善。

尽管舍不得，贝尔太太最终还是要离开乡下，回到繁华的都市。走的时候，她告诉姑姑，以后自己每年都会来住一段时间，而且她让姑姑为自己留一块地，等到她退休后，就在那里盖一间屋子，在乡下安享晚年。

投身大自然的怀抱，对于忙碌而浮夸的现代人而言，似乎已经变成了一种奢侈。他们醉生梦死于繁华之中，忘却了心灵也需要安静，需要倾听最原始的声音。在静谧的自然环境中，你能暂时将凡尘俗事抛之脑后，给心灵好好放个假。

人心里积压着许多难以忘怀的事情，这些事重重地压在心底，变成心病，成了一种沉重的负担。大自然是治疗心灵疾病的良药，在青山绿水与虫鸣鸟叫之中，工作的压力和生活的辛酸，种种的负面情绪都能得到释放。如果你有满腔的怨愤，不如站在山顶上呐喊，让所有的烦闷在风中越走越远。

深处自然界的广袤之中，人类就如天地间的一粒尘埃，渺小的微不足道。在这里，人性的贪婪、欲望和自私，赤裸裸地展现出来，我们为自己的劣根性感到耻辱，也想要痛改前非，然后心安理得地享受大自然一切的美好。灵魂在自然面前得到了净化，生命在自然界面前得到了升华。

在自然中放眼望去，满山遍野的花朵，没有人工雕琢的痕迹；青松绿柏的绿色生机，让心灵看到了无限希望；潺潺的流水，在心头静静地流淌；鸟儿欢快地歌唱，在心头不停地回响。闭上双眼，让自己融入自然当中，你会发现，生活处处都是美好。

世界需要文明的装点，需要人类不断拼搏的力量。可人是有血有肉的灵魂，会累、会痛也会受伤。疲倦时，不如暂时回归大自然的纯真，在那里重新找到自我，找到生活的真谛。待你在自然中恢复精力之后，你对生命的热

情，会让你在工作中表现得更好，更出类拔萃。

人生忠告：

自然是雄伟的，是广袤的，是神奇的，那些忙碌的连睡觉的时间都没有的人，那些空虚的对生命失去了追求的人，那些在现实中迷茫的不知道该何去何从的人，请将目光驻足于自然之中。也许在那里，你会对人生重新定位。

保持健康，热衷运动

"如果没有健康，你就算拥有再美好的愿望，到最后也只是美梦一场。"

巴菲特喜欢运动，他经常进行的运动包括网球、高尔夫球和手球，还有一项运动让他很痴迷，那就是橄榄球。他是内布拉斯加州球队的铁杆球迷，只要有时间，他就会到现场给球队加油。有了这样一位重量级的球迷，球队老板十分高兴，甚至把球队的1号球服送给巴菲特当纪念。

尽管年岁已高，但受益于常年的运动，巴菲特的身体非常好。他甚至公开声明，自己计划一直工作到100岁。

达·芬奇说："运动是一切生命的根源。"你是否觉得，自己整日恍恍惚惚，状态不佳，小跑几步就开始气喘吁吁，做一点事就感觉腰酸背痛？其实，这是缺乏运动的表现。生命在于运动，一个经常锻炼的人，疾病很少侵袭他的身体，你可以整日看到他容光焕发且神采奕奕的样子。

马克思认为，最有效且最适宜的锻炼和休息方式就是散步。他能一边谈话，一边散步，连续几个小时。1837年，由于过度工作，他的身体垮了，但是他仍然坚持每天从住处步行到柏林大学。步行使他心情舒畅，不久便恢复了健康，他曾回忆说："我没有想到虚弱的我能恢复得这样健康和强壮。"从那时起，他就把散步作为保持健康的重要手段，并长期坚持下来。

爱因斯坦惜时如金，但每天仍抽出时间从事体育活动。一次，他去比利时访问，国王和王后准备隆重地欢迎这位杰出的科学家。火车站上张灯结彩，官员们身着礼服在车站迎接，可旅客都走光了也不见爱因斯坦的影子。原来，他提着皮箱，拿着小提琴，从前面一个站下车，一路步行到王宫。王后问他为什么不乘火车到终点站，反而徒步受累？他笑着回答：“王后，请不要见怪，我喜欢步行，运动带给我无穷的乐趣。”

古今中外，无数先辈都是运动的忠实实践者，他们坚持运动，并在运动中获得了不少益处。对他们而言，身体是一切的根本，他们一直以运动的方式珍视着自己的身体，希望以最佳的精神状态投入到工作之中。运动不仅带给他们健康，还给他们带来了生活的情趣，生活质量的提高。

卡梅伦出生后不久，医生就宣布这个可怜的小女孩患有先天性心脏病，并且断言她活不过20岁。卡梅伦的父母从小就悉心呵护着这个生命随时都可能终结的女儿，不准她跑步，不准她与别人打闹，天冷或天热时都不准她出门。

为了能让卡梅伦在正常的环境中长大，父母向她隐瞒了病情，天真的卡梅伦根本就不知道自己的身体状况，也不明白父母为什么这样大惊小怪。直到有一天，10岁那年她在学校晕倒被送进了医院，她才知道自己的身体状况原来是这样糟糕。

可是卡梅伦不愿意向命运屈服，她不相信自己的生命会在20岁时就终结。不顾父母的反对，她每天早晨都坚持爬山和慢跑等不太剧烈的运动。卡梅伦就这样坚持着，终于奇迹出现了，这个曾被医生断言不会活过20岁的小女孩，平安地度过了20岁的生日。

生日过后，卡梅伦到医院去检查。出乎医生的意料，她的病情不仅没有恶化，反而还有好转的趋势。医生说，这与她开朗乐观的心态及常年锻炼有关。

后来，和所有健康的女孩一样，卡梅伦上了大学，与一个优秀的小伙子陷入了热恋，然后两个人结婚，生子，直到80岁时，她的身体还很健康。不

过，即使已经80岁了，卡梅伦仍然坚持每天运动。

运动的力量比我们想象的要强大得多，它的好处恐怕三天三夜都说不完。身体是革命的本钱，拥有健康的身体，你才有力气做其他事，才有成功的可能。如果没有健康，就算拥有再美好的愿望，到最后也只是美梦一场。

经常参加游泳和健身操等活动，可以克服胆怯心理；选择集体舞和跳绳等团队项目，可以加强团队意识；打乒乓球和网球等，可以锻炼思维和判断力；而瑜伽和太极拳等，可以磨炼人的耐力。运动的好处不仅仅是强身健体，它更可以塑造坚强的性格。

一个瘦弱的男性，往往不能给女性安全感，这样的男性，可能会因为外形而遭到女性的拒绝；而一个身强体壮的男性往往更具有优势，很容易引起女性的注意。拥有魔鬼般的身材是每个女性的梦想，而这个梦想也与运动有密不可分的关系。有针对性的运动，可以打造杨柳细腰和纤细结实的双腿等，让男性舍不得将视线从她火辣的身材上离开片刻。

人生忠告：

也许，功课的压力会让你没时间运动；也许，好吃懒做的性格会让你对运动提不起兴趣；也许，没有定力的你很容易中途放弃……持之以恒的运动，并不是一件容易的事。但是一个喜欢运动的人，浑身上下都散发着一种活力，这种活力，给人以希望，以奋发向前的动力。坚持运动，投身于运动之中，你会发现生活正在慢慢发生变化。

点缀生活，让生活丰富多彩

“每个人，都有自己要走的路，每条路，都有属于自己的精彩。”

巴菲特有一项爱好，就是参与演出。1988年，巴菲特在美国广播公司推出的一出肥皂剧《爱》中，扮演了一位没有一句台词的小角色——酒吧掌柜；

1991年又在该公司的另一个肥皂剧《都是我的孩子》中扮演一位金融家。这次演出时间比上次长了不少,但也只有4分钟。虽然两次演出的报酬加起来还不到400美元,但已经足够让巴菲特高兴一阵子了。

不过,说起巴菲特的最爱,桥牌无疑占据首要位置,他可以一连玩上几天都不感到疲惫,他甚至说:“如果一个监狱的房间里有3个会打桥牌的人,我并不介意去坐牢。”

此外,巴菲特的业余爱好还有网球、高尔夫球、手球、绘画和音乐等。他的兴趣之广泛,生活之丰富,真的令许多人汗颜。巴菲特知道,单调的生活会让人窒息,所以他总是不断地为自己找乐子,让心情好好放个假。

现在有很多人,当你问他周末有什么活动时,他们会百无聊赖地告诉你自己没有任何计划;当你问他有什么特长时,他会懒懒地告诉你自己只对睡觉感兴趣。这样的人,生活就像一口枯井,没有任何情趣。对他们而言,生活是任务,是负担,根本就没有快乐可言。

生活的意义不是在不断地工作和学习中耗费青春和精力,生活在赋予我们责任的同时,也赋予了我们享受的权利。鲜艳的花朵、葱葱郁郁的小草以及象征希望的朝阳与满天美丽的繁星……这些美好的事物一直在提醒我们,闲暇之余,应该好好享受生活。

如果傍晚到密里斯河畔转一圈,一定可以听到一段美妙的音乐和一阵阵欢声笑语。这些音乐,来自里昂夫妇与他们两个可爱的女儿。

里昂先生是小镇上的一名音乐教师,他的妻子和两个女儿在音乐方面也有些造诣。晚饭之后,这家人喜欢在密里斯河边演奏。他们美妙的音乐声渐渐吸引了小镇上所有的人,大家开始伴随着他们的音乐跳舞。在愉悦的气氛之中,笑声又为音乐增添了美妙的音符。

提起里昂夫人的厨艺,小镇上没有人不竖起大拇指。如果你在用餐时间从她们门前走过,肯定能闻到一阵阵香味。里昂夫人是个很大方的人,过节时,她会张罗着在家办一场晚会,邀请小镇上所有人来做客。这一天,年轻的男女总是一起欢快地跳舞;而年龄稍大一些的,就会在里昂家的院子里一

面赏月,一面吃美味的点心。

里昂一家人十分崇尚自然,每当周末时,一家人就会相约一起去爬山。等到了山顶,他们会美美的野餐一顿。之后,里昂夫妇会在微风中靠着一棵树小憩一会。他们的大女儿则拿出早已准备好的画板,将山上看到的美景统统画下来。而他们的小女儿,则是拿着心爱的相机不停地为漂亮的花草拍照。

此外,里昂一家还是红十字会志愿者。他们经常和红十字会其他的成员一起到小镇上的孤儿院做义工。在那里,他们给孩子们补习功课,陪孩子们做游戏,和孩子们一起做手工作业。小朋友们都非常喜欢这一家人,当遇到不高兴的事情时,还会给他们打电话诉说自己的委屈。

和里昂一家人相处,你会发现,他们总有忙不完的事情,生活总是那样丰富多彩,有滋有味。他们每一天都过得十分充实,十分快乐。

同样的生活,为什么里昂一家能活出精彩,活出快乐呢?其实,人生怎样度过,全在于年轻人自己的选择。如果你选择在永无止境的工作中耗尽自己的生命,那你的生活肯定没有快乐可言;但如果你选择在工作之余感受生活的美好,那你的人生一定充满了乐趣,而且丰富多彩。人的一生,不应该只用黑色的画笔来填补,而应该像焰火,形成五颜六色的美丽风景。

在匆匆忙忙的现代人眼中,生活太累了,根本就没有精力去娱乐,去享受生活。可是,正因为生活的压力太大了,我们才应该更努力让生活变得丰富多彩起来,只有这样,压力才能得到释放,痛苦才能得到减轻。如果你一直将自己束缚在生活的牢笼里,恶性循环下去,压力会越来越大,烦恼也会越来越多。到时候,不堪重负的你会彻底崩溃。

心情不好时,约朋友在咖啡馆好好聊聊天,在彼此的微笑与谈笑之中,烦恼也随风而去;感到压抑时,何不到山顶大喊一番?将心中的不快统统发泄出去之后,你会重新找回轻松和愉快。生活中有许多减压方式,在给你带来心情愉悦的同时,也能装点你的生活,让你的生活多几许温暖和感动。

人生忠告：

每个人都有自己要走的路，每条路都有独特的精彩。为自己选择一条比较精彩的路吧，在丰富多彩的生活中，阳光会照进你的心田，微风会吹拂你的心房。

珍视友情，情谊温暖人心

“如何定义朋友呢：他们会向你隐瞒什么？”

作为世界投资大师，巴菲特的影响力自然是不言而喻的。达到在他这个位置之后，友情不再是单纯的友情，可能还掺杂着一些其他的因素。不过，幸运的是，巴菲特身边还有不少真心的朋友，其中一个就是世界首富比尔·盖茨。

十几年前，世界首富比尔·盖茨和世界第二富翁沃伦·巴菲特是两个互不相干的人，彼此只闻其名，不识其人，两人之间甚至还有很深的偏见。盖茨认为巴菲特固执又小气，靠投资发财，不懂先进技术；巴菲特则认为盖茨不过是运气好，靠时髦的东西赚了钱而已。但是，后来他们成为商界中不多见的莫逆之交。巴菲特多次公开说，此生最了解他的人就是盖茨，而盖茨尊称巴菲特为自己人生的老师。

朋友是什么人？在困难时肯帮助你，在心情不好时肯安慰你，在你孤独时肯陪着你，这就是朋友。朋友在我们心里，是一种珍贵的情感，是一笔宝贵的财富，它能弥补亲情与爱情所不能填补的心灵缺憾，给人带来的温暖和惬意。

我们都知道友情对于生命的意义，却少有人能真的将这份感情珍藏心底，用心呵护。有些年轻人拿朋友当自动取款机，用钱时想起，没事时弃之不顾；有些年轻人拿朋友当垃圾桶，他痛苦时找你哭诉，你痛苦时他却无心

顾及;有些年轻人拿朋友当挡箭牌,你是他吃喝玩乐的借口,却不是他发愤图强的动力…… 和这样的人做朋友,时间久了心会累,累了自然而然会逃避。

有一个名叫杰里的年轻人触犯了国王,被判绞刑,要不了多久就要被处死了。

杰里是个孝子,在临死之前,他希望能与远在百里之外的母亲见最后一面,以表达他对母亲的歉意,因为他不能为母亲养老送终了。他的这一要求被告知了国王。

国王感其诚孝,决定让杰里回家与母亲相见,但条件是杰里必须找一个人来替他坐牢,否则他的愿望就将落空。这是一个看似简单却无法实现的条件,有谁肯冒着被杀头的危险替别人坐牢,这岂不是自寻死路。但茫茫人海中就有人相信杰里,他就是杰里的朋友艾伯特。

艾伯特住进牢房之后,杰里回家与母亲诀别。日子一天天过去了,眼看刑期在即,杰里却没有回来的迹象。人们开始议论纷纷,都说艾伯特上了杰里的当。

行刑日是个雨天,当艾伯特被押赴刑场时,围观的人都在嘲笑他的愚蠢,幸灾乐祸者也大有人在。但刑车上的艾伯特不但面无惧色,反而有一种慷慨赴死的豪情。

追魂炮被点燃了,绞索也已经挂在了艾伯特的脖子上。胆小的人吓得紧闭上双眼,他们在内心深处为艾伯特深深地惋惜,并痛恨那个出卖朋友的小人杰里。

就在千钧一发之际,在狂风暴雨中,杰里飞奔而来,他高喊着:“我回来了!我回来了!”

所有人都以为自己在做梦,但事实不容怀疑。这个消息宛如长了翅膀,很快便传到了国王的耳中。国王亲自赶到刑场,为杰里松了绑,并赦免了他的罪行。

杰里和艾伯伦,两个真正的朋友,在刑场上紧紧地拥抱在一起。

真正的朋友，可以无条件相信你，甚至为你做出牺牲。这样的朋友，我们绝不能令他失望，更不能做出有损友情的事。“人生得一知己，死而无憾。”有些人终其一生，也没能找到这样一个知己。所以，如果你身边有这样一位知己，请好好珍惜，不要等感情破裂不能再弥补时，才知道自己失去了多么珍贵的一份情感。

如果有人问你：“橘子为什么长成一瓣一瓣的？”也许你会说：“因为它是橘子，这是大自然的杰作。”这种回答无可挑剔，但换一种思维方式：橘子长成这个样子，就是希望年轻的你能和朋友一起分享，而不是一个人自己独享。学会分享，是你珍惜朋友的一种方式，而对方也能从你分享的心情中感受到自己的重要。如果你有什么开心或不开心的事，不要埋在心底，向朋友敞开心扉，她会感受到你的心意，并会给你心灵的慰藉。

真诚，是交友的最高原则，无论什么时候，心都要为真诚留一个温馨的位置。真诚的关怀可以抚慰朋友孤寂失望的心灵，真诚的帮助可以使陷入困境的朋友获得力量。只要有真诚这把钥匙，朋友之间就会多一份宽容，多一份理解，多一份友爱，多一份关怀，多一份和谐，多一份幸福和快乐。你以真诚待人，对方自然也会以真诚待你。

朋友之间偶尔会吵架，偶尔会闹矛盾，偶尔也会说一些气话，但这些都不能成为我们伤害朋友的理由。有时候越是在乎的人，越容易彼此伤害，这种伤害会深深地扎根在心底，成了对方心中永远的痛。朋友需要用你的真心去呵护，需要用你的真情去守护，千万不要因为一时冲动，做出令对方伤心且令自己后悔的事。

人生忠告：

花儿有阳光的照耀才能散发芬芳，树木有雨露的滋养才可以茁壮成长，汽车有汽油的动力才能够驰骋万里，友情有真情的呵护才能长久不衰。你可以从朋友身上收获很多，但一味索取的友情，禁不起现实的考验，要使自己和朋友的关系坚不可摧，年轻人还要学会付出，学会珍惜彼此。

呵护亲情，保持爱的温度

“金钱多少对于你我没有什么大的区别。我们不会改变什么，只不过是我们的妻子会生活得好一些。”

或许是因为在过于严厉的家庭中长大的缘故，早年时，巴菲特并不是一个合格的父亲，他忙于工作，以至于忽视了自己的孩子。

有一次，巴菲特下班回家，他习惯性地走向书房，根本就没有注意到一旁摔倒在地的小儿子彼得。后来，彼得与母亲逛街时看到了一本《父亲手记》，他请求母亲买了下来，并毫不客气地把它放在了巴菲特的书桌上。当巴菲特看到这本书时，心里很自责，开始检讨自己，并下决心从今以后做个好父亲。之后，巴菲特开始关注孩子的一言一行，尽量抽出时间和亲人在一起，让他们感受到家庭的温暖。

在巴菲特的大儿子霍华德搬到伊利诺伊州之前，巴菲特每周二都会与他共进午餐，询问他的近况，并对他的问题进行适当指导。霍华德说：“我的父亲一直是最棒的顾问，最棒的老师。我看到的他，不是你在财经杂志看到的巴菲特，而是一个平凡的父亲，只是他有着丰富的经验与知识，可以与我们分享。”

巴菲特一直以自己独特的方式经营着自己的家庭，他还特意叮嘱女儿苏茜，一定要为家庭经营好亲情，圈住一份爱，让所有家人都能快乐地生活在一起。

亲情是什么？亲情是“马上相逢无纸笔，凭君传语报平安”的嘱咐，是“临行密密缝，意恐迟迟归”的牵挂，是“来日倚窗前，寒梅著花未”的思念，是“雨中黄叶树，灯下白头人”的守候。亲情是我们与生俱来的重要情感之一，没有了亲情，人就好像没有了根，飘飘荡荡找不到自己的归宿。

一个独身的富翁喝醉了，被人送到豪宅门口，送他的人说："你到家了。"富翁却说："家？家在哪里？那不过是一幢房子，不是家。"亲情是最难能可贵的，是需要经营的，单靠血缘关系的维持，并不能拉近彼此的距离。亲人需要的，是你关心的问候、全力的支持，以及随时随地关注的目光。对亲情的渴望，是每个人心底最真切的呼唤。当一个人四面楚歌时，亲人的支持能带给他无穷的力量，让他有勇气战胜一切困难。

贝莉的父母在一场车祸中去世了，她和年纪尚小的弟弟妹妹被送到了舅舅家中。可是，刻薄的舅母容不下这三个可怜的孩子，总是找机会刁难他们，并让他们做所有的家务。

有一次，贝莉的弟弟不小心打坏了舅母心爱的花瓶，舅母一气之下竟要动手打他。15 岁的贝莉终于忍无可忍和舅母争执起来，并决定带着弟弟妹妹离开这个可恶的地方。

贝莉带着弟弟妹妹回到了以前的家，毅然决定一人挑起家庭的重担，将弟弟妹妹抚养成人。她告诉弟弟妹妹："我们是一家人，以后姐姐会用生命保护你们。"

每天，贝莉都会好好照顾弟弟妹妹的生活起居，为他们洗衣做饭。为了生活，贝莉还找了两份工作，白天在超市做收银员，晚上在饭馆做小时工。尽管生活很辛苦，可每次回到家中，贝莉都会装出一副很快乐的样子，和弟弟妹妹聊天说笑，谈论生活中的琐事。

因为没有父母，贝莉的弟弟经常被学校的同学肆意辱骂。有一次，忍无可忍的弟弟和同学大打出手。学校竟然不分青红皂白，记了贝莉弟弟的大过。贝莉知道事情的始末后，找到弟弟所在的学校，请学校撤销处分，并要求那些欺负弟弟的同学道歉。在贝莉的据理力争下，学校答应了贝莉的要求。事后，贝莉对弟弟说："无论你受了什么委屈，都不要怕，姐姐一定会保护你。"

贝莉的妹妹很懂事，她知道姐姐供养自己和弟弟不容易，所以尽管成绩很好，可她还是决定辍学。知道妹妹对学习的渴望，贝莉哭着对她说："只要

你将来能有出息，我再苦再累都值得，可如果你就这样放弃了学业，我会为你心疼，也会恨自己一辈子。”在贝莉的劝导之下，妹妹终于答应完成自己的学业。

贝莉的辛苦是值得的，她的弟弟妹妹都是大学的高材生，并在毕业后如愿找到了理想的工作。他们很感激贝莉为自己所做的一切，所以打算让贝莉辞掉工作在家休息。不过贝莉没有同意，她说：“能为自己的亲人做点事，我觉得很幸福。只要看到你们过得很好，我就会很好，所以你们不必为我担心。”

在贝莉心中，最重要的莫过于亲情，她一直在小心翼翼地保护着自己的家人，经营着自己的亲情。家人的幸福就是她最大的幸福，为了亲人，即使受再多的苦，她也心甘情愿。如何经营亲情，是一门高深的学问。有些人在外面风光无限；可回到家中，面对的却是一张张对自己冷若冰霜的脸，丝毫感受不到亲情的温暖。

人生忠告：

有人说，离得越近的人，越容易彼此伤害，亲人之间就是这样。倘若别人对你的事不理不睬，你会觉得理所当然，也不会因此而伤心难过；但如果家人对你的关心不够，你就会有一种锥心刺骨的痛，从此将全世界纳入你的防备范围。好好审视一下你的家人，看看他们是否在你亲情的包围之下感到幸福？看看你挚爱的人，是否正因为你的忽视而暗自流泪？青少年好好经营亲情，伤害他们，其实就是在伤害自己。

父母生病时，一定要在一旁细心照料；以后你的爱人深夜还没有回家时，记得打电话看是否平安；等将来为孩子开家长会时，记得一定要出席……用心爱你身边的人，他们也会深深地爱你，给你亲情的温暖，给你人生的依靠。

做个有人关心的幸福人

“在你想要争取的人当中，有多少会真正打从心底里爱你？”

很多人将财富作为衡量一个人是否成功的标准，但在巴菲特看来，钱可以买来庆功宴，可以买来宣传自己活得精彩的小册子，却买不来自己内心身处最渴望的东西。巴菲特衡量一个人是否成功的标准，不是他有多少钱，而是有多少人真正关心你。

什么是幸福？生病时，有人端来一碗热汤，这就是幸福；摔倒时，有人伸出双手扶一把，这就是幸福；伤心时，有人愿意坐在旁边听你轻声哭泣，这就是幸福。一个时时刻刻被关心的人，就是幸福的人。这种幸福，比黄金更珍贵，比钻石更耀眼，它可以将冰山融化，可以将整个黑夜照亮。

每个人的记忆深处都珍藏着一幅被人关心的温馨画面，每当想起时，心里就暖暖的，很舒服。这种奇妙的感觉，让你在风雨中看到彩虹，在绝望中看到希望，激励你不断进取，不断奋进。每个人都渴望被关心，都想体会被人捧在手心里的感觉，可有时却觉得自己像天空中的孤雁，哀鸣的叹息，换不回伙伴的回归。

一些年轻人常常哀叹，为什么别人有人问候，你却没有；为什么别人有人关心，你却没有？是别人太现实，还是你从没有付出过自己的真心？人们习惯在没有自我检讨之前就埋怨他人，习惯不付出就想得到回报。可如果你没有拿出真心，又怎能期待他人以真情待你。倘若你选择了以虚假面对这个世界，又怎能埋怨这个世界对你太冷漠？

在加利福尼亚州的法庭里坐满了记者，因为今天有一个特殊的案子要审理：一位千万富翁将自己的全部财产都留给了一位名叫塞斯维亚的小保姆，而他的亲生子女却分文未得。子女不服，将小保姆告上法庭。

法庭上，富翁的邻居证实，曾多次看到塞斯维亚将富翁的衣服剥去，自己在床上抱着他的举动。此话一出，法庭一片哗然，记者甚至想好了明天报纸上的大标题——“年轻小保姆诱惑富翁骗财产”。

就在舆论一致指责塞斯维亚时，她的辩护律师问了富翁子女一个奇怪的问题：“你们是否知道截瘫病人的护理要点？”

富翁子女你看看我，我看看你，谁也答不出来，也不明白律师为什么要问这样奇怪的问题。

律师问塞斯维亚同样的问题，塞斯维亚回答说：“瘫痪病人最忌讳的就是生褥疮，引发白血症，所以在日常护理中要经常给病人翻身和擦洗，保持皮肤清洁与干燥。”

答案揭晓，富翁邻居所看到的情景，并不是塞斯维亚在诱惑富翁，而是在擦拭病人的身体。富翁的邻居当庭表示是自己误会了塞斯维亚，因此向她表示歉意。

律师的一个问题，让法庭看清了富翁子女对富翁的忽视和漠不关心，也证明了塞斯维亚这个小保姆对富翁的关心和悉心照料。自此，所有人都明白为什么老人不将财产留给子女，而要留给塞斯维亚这个外人了。

塞斯维亚在富翁最需要的时候付出了自己的关心，作为回报，富翁将自己的财产悉数留给了她，这些财产不是要和塞斯维亚交换些什么，而是代表着富翁对这位善良女孩关心的回馈。而那些不知道关心父亲，不懂得照顾病人的子女，在忽略了父亲，冰冷了父亲的心之后，又有什么资格得到富翁父亲的财产呢？

在得到关心之前，年轻人最该做的，就是学会关心他人。关心，是真心的付出，是不求回报的无私。当我们真正关心一个人的时候，就会想他之所想，做他人之所做，没有抱怨，没有指责，用宽容和理解温暖你在乎的人。关心，不在于物质上付出了多少，一个淡淡的微笑，一句小小的问候，一个轻轻的搀扶，一个真心的祈祷，如此简单，就能让人真切地感受到我们的关心。

春天撒下了种子，秋天就到了收获的季节。人心都是肉长的，再铁石心肠的人，在感受到关心的温度之后，也必定会以关心回报。也许，你付出的是一分，得到的却是十分；也许，你付出的是一双手，得到的却是别人满满的拥抱。在收获的季节里，你再也不是离群的孤雁，而是冬季里有人与你相互依偎的猴子。

人生忠告：

人无可避免要走到生命的尽头，那时，你是想孤单一人凄惨离开人世，还是想临走时能看到许多不舍的眼睛。生命最后的温度，取决于你生前所散发的能量。用你的一颗真心，换取他人真情的呵护。当你的世界被爱的网络充满时，你就能成为有人关心的幸福的人。

下篇

锻炼

卓越的能力

与人交际，年轻人要懂点处世哲学

一些人很努力地完成自己的工作，却得不到同事和领导的认可；一些人能力平平，却成为谁都愿意与之交心的亲密伙伴。年轻的你也许已经明白，人与人相处是门高深的学问，这门学问需要用心去领悟与体会。当你懂得了处世哲学之后，再尖的刺也会被你磨平，再深的矛盾也会烟消云散，再固执的对手也会变成你的朋友。

把话说得艺术些

“他的父母告诉过他，如果他对一个人说不出什么美好的话，那就什么也别说。他相信他父母的教导。”

一位朋友曾经写信给巴菲特，说她的母亲弗朗西斯·基尔帕特里克曾在伍德罗·威尔逊中学，也就是巴菲特读书的那所中学任教。

巴菲特在回信中说：我不记得有位基尔帕特里克夫人，当时她所教的课程肯定是比较难学的课程之一，我的学习成绩并不是特别突出，因为当时我对游戏机的兴趣远比对课堂活动的兴趣大得多。

事实上，巴菲特朋友的母亲是在他毕业后才到那所中学任教的。

通过这件事，我们可以看出巴菲特很讲究说话的艺术。他说话得体，虽然不认识朋友的母亲，但并没有因此怀疑朋友所说内容的真实性，而是将错误归结在自己不爱学习上。这样的说话方式，让人听了舒心，也避免了不必要的矛盾和误会。

话谁都会说，但说得得体，说得恰当就不是谁都可以的。有些人总是喜欢和人唱反调，别人说东他说西，别人上山他下山；有些人说话自以为是，好似自己说的就是真理，别人的话都是谬论。这些人总是拿语言当利剑，想着穿透别人的心脏，结果却把自己弄得遍体鳞伤。

一个不会说话的年轻人，得罪了朋友，对方便会与他保持安全距离；得罪了同事，工作便开始变得不顺心，到处都是阻力；得罪了上司，能力再强，也没有升职加薪的机会。而一个会说话的人，朋友愿意与他亲近，同事为他打开方便之门，领导更会委以重任。会说话与不会说话的天壤之别，已经成了无数人的教训和必须遵守的金科玉律。

公司要召开一个重要会议，所有主管和部门经理都要参加，肯特早早来

到会场，想与各位部门经理建立良好的关系。

公关部经理是坐专车奥迪 A4 来的，肯特上前打开车门，笑嘻嘻地说："风光，太风光了，简直羡慕死我了。"公关部经理冲肯特笑笑，说小伙子不错，进去了。

技术部经理是坐出租车来的，肯特迎上去，说："潇洒，一招手就有车，来去自由，还不用麻烦司机。"技术部经理拍拍肯特的肩膀，也走进会场了。

宣传部经理比较年轻，骑辆自行车就来了。肯特说："时尚，现在最流行骑自行车，您真是紧跟时代步伐啊！"宣传部经理停好自行车，问了问肯特的名字，然后进入会场了。

人事部经理是走着过来的，肯特热情地打招呼："现在好多富贵病都是缺乏运动，您这样既不耽误工作，又有利于健康。"人事部经理邀肯特开完会后一起吃顿便饭。

在一边观看多时的市场部经理见肯特巧舌如簧，便成心为难他，说："我可是爬着来的，你怎么说呢？"肯特立即竖起大拇指："哎呀，这么多经理里面，就数您最稳当！"

听肯特如此说，市场部经理也眉开眼笑了。

就这样，凭借着一张利嘴，刚来公司不久，肯特就得到了公司各个部门经理的好感，并荣升为了主管。

恭维话人人爱听，高帽子人人爱戴，被人捧在高处的感觉似乎妙不可言。不论是谁，听到肯特的赞美，心里都会美滋滋的。讲究说话的艺术，就更容易打开他人的心扉，在博得他人好感的同时，也为自己打开方便之门。

英国首相威尔逊在一次演讲刚刚进行到一半时，台下突然有个捣乱分子高声打断了他："狗屎！垃圾！"威尔逊虽然受到了干扰，但他急中生智，不慌不忙地说："这位先生，请稍安勿躁，我马上就会讲到你关心的环保问题。"

英国首相丘吉尔在公开场合演讲，从台下递上一张纸条，上面只写了"笨蛋"两个字。丘吉尔知道台下有反对他的人等着看他出丑，便神色从容地对大家说："刚才我收到一封信，可惜写信的人只记得署名，忘了写内容。"

在工作和生活中，总有一些人喜欢看别人笑话，一个懂得说话技巧的人，可以凭借语言的智慧，使自己摆脱尴尬的局面。一言一行，代表着一个人的品行，也是他人评价一个人的依据。当人对你不友好时，恶语相向不仅有失你的身份，还会玷污你的人格。聪明的人，懂得利用语言的智慧向对方还击。

讲究说话的艺术，年轻人要学会委婉地表达自己的意思。例如，当你评价一个心宽体胖的人时，若直截了当地说："你真胖。"对方肯定会不高兴，可能还会因此招致许多不必要的麻烦。但如果你对他说："您身体真健康。"对方在明了你的意思的同时，也不会感到尴尬。

讲究说话艺术的同时，年轻人还要知道"沉默是金"的道理。如果你看不惯对方的言行，没办法违背自己的本意说出赞美之词，那不如就此保持沉默。言由心生，心中有结的你，无论怎么掩饰，也会有言多必失的时候。沉默虽然不能为你赢得对方的欢心，但至少也不会为自己树立一个敌人。

人生忠告：

说话是一门艺术，善于表达的人，能够说到对方的心坎里，瞬间拉近你和他的距离；不善言辞的人，语言会成为你们之间的障碍，两个人越走越远，直至成为两条永远没有交集的平行线。谁都想朋友多一些，前面的路平坦一些，学会说话的艺术，你的人生会轻松一些。

低调做人是种智慧

"在生活中，我不是最受欢迎的人，但也不是最令人讨厌的人。我哪一种人都不属于。"

历数数年来福布斯排行榜上最低调的世界首富，巴菲特可谓当之无愧。对于巴菲特的传奇投资经历，世界上所有的人都能说出一二，可人们对于巴

菲特家族的了解却少之又少。人们只知道巴菲特50多年都住在同一所房子里，却不知道房子里的装饰及房子里发生的故事。

低调，不仅是巴菲特的生活准则，也是他对子女们的要求。当巴菲特的子女出现在公共场合时，没有人知道他们是世界首富的孩子。因为他们很少在媒体面前曝光，他们身上也没有富家子弟的张扬跋扈和不可一世。

在偶像剧中，我们经常会看到一些自以为是的王子或公主，走到哪里都想成为众人瞩目的焦点，他们不遗余力地在公开场合展现自己的与众不同，骄傲地不可一世，当锋芒受到威胁时，还会以咄咄逼人的气势贬低他人，让人家当众出丑。这种自我感觉良好，却从来不是受人欢迎的对象，人们对他唯恐避之而不及，他被孤立在人们的心门之外，费尽心机却不能成为社交高手。

富兰克林年轻时去一位老前辈的家中做客，昂首挺胸走进一座低矮的小茅屋。一进门，“嘭”的一声，他的额头撞在门框上，青肿了一大块。老前辈听到声音后笑着出来迎接他。“很痛吧，你知道吗？这是你今天来拜访我最大的收获。一个人要想洞明世事，练达人情，就必须时刻记住低头。”富兰克林记住了，也成功了，他成为美国历史上最伟大的总统之一。

人生就像一场戏，谁都想做戏里的主角。当一个人的风采被别人抢走之后，嫉妒、气愤与不甘心等负面情绪增长，这时，穿小鞋或搞手段等似乎就不是什么稀奇的事了。很多时候，默默无闻是一种境界，不与别人计较是一门学问，低调做人是走到哪里都畅通无阻的智慧。

桑吉出生于一个渔民家庭，世世代代以出海打鱼为生。18岁那年，爷爷决定带他出海。在大海深处，爷爷教他如何使舵，如何下网，如何根据水的颜色变化辨识鱼群。就在他听得起劲时，天空突然变了脸，刚刚还晴空万里，风平浪静，现在却是狂风大作，巨浪滔天。

爷爷马上命令道：“快，赶快拿斧头把桅杆砍倒！”他不敢怠慢，立即抓起斧头用尽全身力气把桅杆砍倒。大海重新恢复了平静，祖孙俩用手摇着橹返航。

桑吉不解地问爷爷:“为什么要砍断桅杆?”

爷爷说:“帆船前进靠帆,而升帆靠的是桅杆,就是说船要行得快,必须靠桅杆。但是,由于桅杆竖得高,会使船的重心不稳,遇到大的风浪就更危险了。所以,我让你砍断桅杆,就是为了降低重心,使船能稳定下来。”

爷爷又说:“其实,做人就像这桅杆一样,枪打出头鸟,如果你姿态高,站得高,很自然就会成为众矢之的。但如果你将自己的桅杆放低一些,做人低调一些,那无论面对怎样的风险,你都不会成为第一个被波及的对象。”

之后,吉桑当上了造船公司的总经理,在他的办公室墙上有这样一句话:“砍断桅杆做人。”他说,这是他的座右铭,借此时时刻刻提醒自己做人要低调。

低调做人是一种品格,一种姿态,一种修养,一种智慧,是做人的最佳姿态。做人要像暴风雨中对待桅杆那样,尽管不愿意,但还要放倒它,因为只有降低重心,才能平安。如果在暴风雨中,你仍不愿将自己的桅杆降低,就会在猛烈的暴风雨中沉入大海,从此所有的理想和抱负,都会随着你的离去而烟消云散。

做事之前先做人,社会上大凡有成就者,都深谙低调做人的哲学,从不与人争,与人抢。他们取得了成就不招摇,有点小本事也不拿出来显摆,处处透着谦虚,处处透着谨慎,低调如此,自然也不会成为别人的眼中钉和肉中刺,成为别人不惜一切代价都要对付的对手。

当今社会与人相处,稍有不当,可能招致许多不必要的麻烦,轻则工作受阻,重则影响生活。许多人在丢掉饭碗后才后悔当初过于招摇,在身心俱疲之后才后悔当初过分骄傲,可再多的后悔也改变不了既定的事实,一切都已成定局,变无可变。低调做人,在很多时候都是一种自我保护的手段。

年轻人取得一些成就之后,千万不可在他人面前大放厥词,口无遮拦;当别人不小心犯错时,千万不可落井下石,棒打落水狗。要真心实意地接受别人的批评,该说则说,该做则做,友善和气,甘于让人,以海纳百川的胸襟,让自己的人生从此发光发亮。

人生忠告:

低调做人是打开社交之门的钥匙,是融入社会,与他人和谐相处的法宝。一个行事低调,不会遭枪棒打出头鸟的厄运,不会沦为众人攻击的对象。他们懂得刚柔并济,在人际交往中左右逢源,纵横于社会,驰骋于形形色色的人之中。他们在暗中积蓄力量,悄然潜行,不惹人烦,不招人讨厌,在别人的不知不觉中就成就一番事业。

精明一点才有赚头

"你若能以低于一家企业目前所值的钱买进它的股份,你对它的管理有信心,同时你又买进了一批类似于该企业的股份,那赚钱就指日可待了。"

巴菲特一次又一次精明的投资,是全世界有目共睹的。前任美国通用电气公司执行总裁杰克·韦尔奇,把巴菲特叫做"世界上精明的人"。总裁飞机公司首席执行官瑞奇·萨恩徒利也说:"世界上没有一个人能比沃伦·巴菲特更精明。"

当你站在巴菲特面前时,他看你一眼就能知道你在想什么,下一步会有怎样的举措,这种精明常常会给人一种受挫感和压迫感,让你在他面前玩不出一点花样。

在精明和愚蠢之间做选择,没有人会舍弃聪明的头脑不要,任愚蠢伴随自己成长。当我们看到一个人做出精明的决定之后,总会忍不住对他心生佩服,暗想:为什么我就没有这样精明的头脑呢?在这个世界上,精明者永远比智力平平之人少,所以他们才显得那么珍贵,显得那么与众不同。

有人说"傻人有傻福",一些看上去很愚钝的人有时会因为运气取得一些成就,但这样的运气能够持续多久呢?大部分的傻人总是被精明者利用,为他们服务。而且,在现在这种复杂的社会环境中生存,在真真假假且钩心斗角的明争暗斗中,傻人永远是最先倒在路上的人。

一只狐狸不小心掉进了深坑里,正当它发愁之际,听到上面有脚步声,立即想出了一条诡计,它大声地喊道:“是谁在上面?”

“是我,老虎。”

“你上哪儿去?”狐狸急切地问道。

“我正在找东西吃哩。”老虎回答说:“你在下面干什么呀?”

狐狸装出吃惊的模样说:“明天天空就要塌下来了,你没听到这个可怕的消息吗?”

“真可怕呀。”老虎惊恐万状地回答道,“那你在坑里做什么呢?”

狐狸答道:“我藏在坑里就是为了躲避灾难啊!天空塌下来时,我藏在这里,就不至于被压死。你是我多年的老朋友啦,我不忍心看到你被压死,所以才告诉你这件事。”

“谢谢你,你真够交情。”老虎感激地说,“能不能让我也到坑里来,和你待在一起?”

“随你的便,我反正无所谓。”狐狸说,“如果你想下来,随便你了。”

就这样,老虎也跳进了坑里。它们交谈了一会儿,狐狸便开始咯吱老虎。老虎不爱打闹,又非常怕痒,可狐狸却没完没了,不停地咯吱老虎。老虎忍无可忍地吼了一声:“别再闹了,不然我就要把你扔到坑外面去,让天塌下来压死你。”

可是狐狸根本不理睬,反而越演越烈。最后老虎真的发火了,它说:“如果天塌下来压死你,我才不管呢。”说完,它就把狐狸抛出坑外。

到了坑外,狐狸拔腿就跑,把老虎留在坑里了。而愚蠢的老虎还在坑内洋洋得意呢,根本就不知道自己上了狐狸的当。

一个精明的年轻人即使面临很大的困境,也能凭借自己的智慧转危为安;而一个愚蠢的人,即使上天给他无尽的力量,他也会因为自己的愚蠢犯错,造成不可挽回的损失。社会中,有很多狐狸这样的小人,为了自己的利益,不惜牺牲他人。所以精明也是人们自保的需要。我们不能用自己的精

明害人，但也决不允许自己成为小人的棋子，任凭他们摆布，成为他们自保的牺牲品。

在一些年轻人看来，"精明"有一种不安全感，和这样的人相处会担心自己在不知不觉中被出卖。可是，如果真的有这样的人，他会因为你的担心而放你一马吗？"欺软怕硬"是小人的天性，如果你有这样的困扰，唯一的解决之道就是你比对方更精明，让他不敢也不能伤害你。

美国一位出版商有一批滞销的书久久不能脱手，便给总统送去一本，并三番五次地征求总统的意见，忙于政务的总统没有时间与其纠缠，便随口应了一句："这本书不错！"出版商如获至宝般地大肆宣传："现有总统先生喜欢的书出售。"于是，这些滞销的书不久就被一抢而空了。

不久，这个出版商又有书卖不出去了，他又送给总统一本。总统上了一回当，想奚落他一下，便说："这本书糟透了。"出版商听后大喜，他打出广告："现有总统讨厌的书出售。"结果，不少人出于好奇争相购买，书随之脱销。

出版商第三次将书送给总统时，总统有了前两次的教训，不置可否。出版商仍然大作广告："现有总统难以下结论的书出售！"居然又一次大赚。

倘若你陷入困境，你能想出妙计帮自己解决难题吗？如此精明的出版商，怎能不在商场上大放光彩呢？一个精明的人总能用理智的眼睛看透眼前的一切，时刻使自己保持在安全范围以内；一个精明的人可以抓住别人看不到的机遇，使自己的事业更上一层楼；一个精明的人即使小人费尽心机，也不能动他分毫。

武则天精明，所以即使困难重重，她依然成为中国历史上唯一的女皇帝；犹太人精明，所以对他们而言赚钱是天经地义的事；变色龙精明，所以在弱肉强食的自然法则中，它们能够自保。纵观古今中外，凡是有一番作为者都是精明的人，他们靠自己的头脑，一路过关斩将，潇洒自如地游走于世间。

人生忠告：

一个精明的年轻人可以用自己的聪明才智帮助他人，保护自己想要保护的人。他们就像随心所欲畅游于世间的精灵，带着几许灵气，又带着几分霸气。年轻人要学会用精明的头脑武装自己,这种武装,比蛮力更有效,比铜墙铁壁更坚实,永远不会让自己陷入“人为刀俎,我为鱼肉”的境地。

懂得拒绝,不被世事所累

“如果你给我1000亿美元,用以交换可口可乐这种饮料在世界上的领先权,我会把钱还给你,并对你说‘这可不成’。”

作为“股神”,身边少不了向巴菲特询问购买股票意见的人,但无论是亲人还是朋友,无一例外都遭到巴菲特的拒绝。他在给一个朋友的信中这样说:“我知道这可能会伤害到你,但是我宁可在你困难的时候,以经济或物质的方式帮助你渡过难关,也不愿你直接来咨询我购买哪种股票会获得利润,这是我非常头痛的问题,也是我投资生活最为忌讳的,希望你能理解。”

拒绝只是一句话的事,却也是一件极难做的事。许多年轻人明明知道应该拒绝,可话到嘴边,却怎么也说不出口,于是被赶鸭子上架,被迫做一些违背自己心意的事情。为什么无法拒绝呢?不忍看到对方失望的眼神,看重自己的面子,还是环境所迫?该拒绝时就拒绝,否则,之后会是无尽的悔恨和痛苦。

因为没有拒绝,所以你身上背负了许多本不必有的责任,整日忙得焦头烂额却于己无益;因为没有拒绝,所以你不得不违背自己的原则行事,分分秒秒都承受着内心的煎熬;因为没有拒绝,所以你将自己反锁在牢笼里,让痛苦不断延续。懂得拒绝的人不会为世事所累,轻轻松松过自己的生活,无限洒脱,无限精彩。

在耶路撒冷有一家名为“芬克斯”的酒吧,酒吧面积不大,只有30平方米,却声名远播,连续多年被美国《新闻周刊》列入世界最佳酒吧前15名。

酒吧的主人是一位名叫罗尔的犹太人。有一天,罗尔接到一个电话,电

话那端的人用十分委婉的口气对他说："听说您的酒吧是人间天堂，我想到您的酒吧去见识一下，但我有10名随从，为了方便，您能在当天谢绝其他顾客吗？"

罗尔毫不犹豫地说："十分欢迎您的到来，但如果因为您一人而谢绝其他顾客，那是不可能的。"

打电话的不是别人，正是美国国务卿基辛格博士，在访问中东的议程即将结束时，有人极力向他推荐这家酒吧，他才决定到"芬克斯"酒吧看看的。

听到罗尔如此坚决地回答，基辛格坦言告诉他："我是出访中东的美国国务卿，希望您能考虑一下我的要求。"

罗尔礼貌地对他说："先生，您愿意光临本店，我深感荣幸。但对于您的要求，我无论如何都办不到。"

基辛格博士听后，摔掉了手上的电话。

第二天傍晚，罗尔又接到了基辛格博士的电话。他先对昨天的失礼表示歉意，然后说明天他打算带3个人来，订一桌，不必谢绝其他客人。

罗尔说："非常感谢您，但我还是无法满足您的要求。"

基辛格很意外，问："为什么？"

"对不起，先生，明天是星期六，本店休息。"

"可是，后天我就要回美国了，您能否破例一次呢？"

罗尔很诚恳地说："不行，我是犹太人，星期六是个神圣的日子，如果经营，那是对神的玷污，希望您能理解。"

拒绝不容易，拒绝基辛格这样的高官权贵更不容易。可拒绝的话从罗尔嘴里说出来，显得那么理所当然。为什么罗尔可以如此轻松地拒绝别人呢？因为他有自己坚守的原则，而他的原则不会因为任何情况而所有改变。

人们都认为拒绝会为自己树立敌人，可有原则的拒绝不仅不会带来隐患，还会给自己带来尊严和声誉，成为事业腾飞的助推器。罗尔对基辛格的拒绝，成了"芬克斯"酒吧的一段佳话，增添了"芬克斯"酒吧头上的光环，吸引了更多的顾客来到这里。而他们来的理由，就是想看看连基辛格都敢拒绝的酒吧到底是什么样子。

为什么不能拒绝别人呢？你有什么可顾虑的呢？有些事，我们可以出于朋友的道义或亲人的责任为他们承担；但有些事，你的好心可能是对他的纵容，你的呵护可能是对他的毒害。人不能无限制地纵容他人，好心也不能无限制地泛滥。拒绝，是让自己轻松，也是对对方负责的有效的方式之一。

一个不懂拒绝的年轻人，显然是个没有主见的人，这种人说话办事，无不听从别人的意见，不理会自己内心深处真正的声音。这样的员工，你无法要求他在工作上有什么创新；和这样的人搭档，你无法奢望他能独当一面。不懂得拒绝的人，是听凭别人引导生活的，而这样的生活，绝对没有什么前途可言。

人生忠告：

父母不愿对孩子说不，所以养成了他们骄纵放肆及事事攀比的性格；学生不愿对嬉笑玩耍说不，所以他们做事得过且过，一事无成；罪犯不愿对不劳而获说不，所以他们锒铛入狱，被困一生。拒绝可以令对方痛苦，也可以令对方受益，它并不如我们想象中可怕，使用拒绝这个工具，也许明天会是一个春光灿烂的新的开始。

主导局面，别让谣言包围你

“股票预测专家唯一的价值，就是让算命先生看起来还不错。”

名人从来都是舆论的宠儿，巴菲特自然也不例外。2008 年 3 月，NBC 报道了巴菲特可能辞世的谣言，巴菲特出面辟谣，结果导致了新的谣言。怀疑论者开始发言——如果他说自己很好，那一定是不好。还有人说巴菲特在借机低价买进伯克希尔·哈撒韦的股票，而这一谣言触痛了巴菲特的软肋：正直的名声和贪婪的作风直接碰撞。

面对这次针对名誉的攻击，巴菲特没有马上做出反击。他既没有写评论，也没有在国会面前论证市场的危险，更没有通过报纸或通过电视采访节目辟谣。他照旧与伯克希尔·哈撒韦的股东定期沟通，对股东们说在人们过度高估市场的情况下，谁也无法预料这种局面会持续多久。最后，不是作为正式发言，而是出于警示和告诫，巴菲特在太阳谷年会中对各界精英进行的精辟演讲做了唯一一次解释——他预测未来20年中市场低落程度远远不是投资者可以想象的。不久他的这番演讲出现在《财富》文章中，在街头巷尾传播，人们也渐渐转移了自己的注意力，不再将矛头指向巴菲特。

谣言是可怕的，它有一种邪恶的力量，能给人的心灵带来莫名的恐慌；它能让人处于多疑猜忌的境地难以自拔；它能摧毁人与人之间的信任，给友情、爱情和亲情笼罩上一层挥之不去的阴影。然而对于智者来说，谣言的力量等于零，他们能用自己的方法让众人识破谣言的真相，并且绝不会让谣言插上“飞翔的翅膀”。

当谣言四起，你的正常工作和生活受到干扰时，逃避是弱者的表现，这样做只会让散布谣言的人称心如意，让自己陷入更尴尬的境地。对于那些敌视你的人，忍让不是宽容，沉默就是默认，在谣言的漩涡里，人要自保，就要学会令谣言终止。

卡瑞娜被提拔为总裁助理，她在全体同事羡慕的眼神中，收拾东西，坐在了总裁助理的位子上。可是同事暗暗议论，认为她是总裁的情人，所以才能高升。很快谣言传到了卡瑞娜丈夫的耳朵里，丈夫让她辞掉工作以示清白。

总裁助理的工作使卡瑞娜的才能得到了充分的发挥，所以她不想辞去掉这份来之不易的工作，可是她又十分珍视自己的家庭。可恶的谣言把卡瑞娜的生活搅得乱七八糟，让她陷入了进退两难的境地。

为了捍卫自己的工作和家庭，卡瑞娜开始了她的谣言反击战。首先，她安排了一次总裁和丈夫的会面，这使丈夫稍稍放下了心里的戒备。之后，她经常让丈夫接自己上下班，这令全体同事看到自己的婚姻的幸福，也让丈夫感受到她对自己的重视。而她自己，也和总裁夫人成了好朋友，俩人经常一起出现在公开场合。

渐渐地，关于卡瑞娜的议论越来越少了，丈夫也不再逼迫她辞去工作。凭借自己的智慧，卡瑞娜既保住了工作，也捍卫了自己的家庭，赢得了事业和家庭的双丰收。

当年轻人受到不实指责时，第一反应就是极力为自己辩解，恨不得向全世界宣告自己的委屈。可当舆论已经与你对立时，解释就等于掩饰，就算你说破了喉咙，也不会有人相信。事实胜于雄辩，与其浪费口舌，倒不如用实际行动证明你的清白，让所有人在事实面前哑口无言。

当人们听到一些八卦消息时，不管是真是假，总会很轻易地相信。可谣言止于智者，人们应该有分辨事情真假的能力，不加筛选地相信小道消息，只会使自己成为他人达到目的的工具，进而证实自己的愚蠢。

一个人匆匆忙忙地跑到智者面前，边喘气边兴奋地说："告诉你一件绝对想象不到的事。"

"等一下！"智者毫不留情地制止他，"你告诉我之前，用3个筛子过滤过了吗？"

听了智者的话，这个人不解地摇了摇头。

智者说："当你要告诉别人一件事时，至少应该用3个筛子过滤一遍。第一个筛子叫真实，你要告诉我的事是真实的吗？"

"我是从街上听来的，大家都这么说，我也不知道是不是真的。"

"那就应该用你的第二个筛子去检查，如果不是真的，至少也应该是善意的，你要告诉我的事是善意的吗？"

"不，正好相反。"那个人羞愧地低下头。

智者继续说："那我们再用第三个筛子检查一下，你这么急着要告诉我的事，是重要的吗？"

"并不是很重要……"

智者打断了他的话："既然这个消息并不重要，又不是出自善意，更不知

道它是真是假,你又何必说呢?说了也只会造成我们两个人的困扰罢了。”

“世上本无事,庸人自扰之。”其实,生活中大部分所谓的烦心事都不存在,只是自己或他人主观想象出来的。真正的智者会理智地判断哪些是自己该听的,哪些听了只会给自己增添无谓的苦恼。谣言对于这样的人,不过是一场滑稽的闹剧,那些想要靠谣言伤害他人的人,最终也只是徒劳一场。

人生忠告:

相信所有青少年,没有人愿意在谣言中受到伤害,当谣言成为你困扰的根源时,就要想办法辟谣,让伤害到此为止。清者固然自清,可究竟要等到什么时候谣言才能够不攻自破呢?要知道,谣言可以引发误会,而一个误会可以引发另一个误会,让误会永远周而复始地循环,使你失去你生命中最重要的东西。如果你的沉默并没有让事情好转,那为什么不想想办法,自己主导局势的发展呢?莫让谣言毁了你的生活。

保持神秘,让你的行动成谜

“让人看不出你下一步的行动,实际上是一种自我保护的有力措施。”

巴菲特创办合伙公司时,就明确地在合伙人会议上宣布,所有投资人都不允许打探投资的具体情况。公司的合作伙伴虽然向他投资了金钱,但对投资细节却一直蒙在鼓里,他们只能在年终的报表上知道自己的收入有所提高,却不知到底是从何处或从哪支股票上获得利润的。

很多想采访巴菲特的记者,大都只有3分钟的照相时间而已,因为巴菲特防备自己与他们详细“交流”。而巴菲特身边的工作人员都已经熟知了老板的个性,他们从来都不敢向巴菲特了解下一步的投资目标,知道这是老板最大的“隐私”。

一些人有了奇思妙想或工作有了进展之后,就喜欢向周围的人炫耀,别人不必打听，不必探询，他就已经将自己的一举一动闹得天下皆知。别人知道了你的所思所想，那对于别人，你又知道多少呢？真要让你们来场较量，对方了解你的底细，可以抓住你的软肋，但对对方一无所知的你，又怎么“知己知彼，百战不殆”呢？

或许你不是多嘴的人，但有人向你打听情况时，你就撇不开面子，将自己的观点和看法知无不言，言无不尽地坦白交代了。在职场这片没有硝烟的战场上，表面一片和谐，实际上到处都是竞争和较量。你的无心，很可能成为他人别有用心的筹码，到头来，受损失的只有你自己。

现在商业竞争激烈，“商业间谍”与“商业犯罪”再也不是什么稀有名词，竞争对手的耳目无处不在，将你的工作计划泄露出去，就等于给人提供打败你最有力的参考。所以保守工作秘密，让人看不出你下一步的行动，实际上是一种自我保护的有力措施。

萨克奇自己开了一家建筑公司，专门承接一些小工程的建造工作。做建筑这一行，大部分都是承接工程的公司提前垫付材料费和工人工资，等到工程结束后再与承包商一起结算。

一次，萨克奇完成工程任务后，准备和承包商结算费用，可这位承包商由于资金周转不开，总是找借口拖延结算的时间，后来干脆找地方躲起来了。

这让萨克奇为难了，因为买材料的资金都是赊账的，过不了多久人家就会来找他索要购买材料的费用了。而且，工人工资也该发了，工资发放晚了，肯定会影响大家的工作情绪，到时候，工程质量就没法保证了。

萨克奇托人到处打听，终于知道了承包商的藏身之处，准备第二天一早找到他将账款结清。当天夜里，萨克奇异常高兴，找来几个朋友在家中把酒言欢。几杯酒下肚，萨克奇就藏不住事了，将承包商的藏身之处及自己打算明早找他的事都说了出来。

可萨克奇没有想到，当天和他喝酒的朋友中，有一个是那位承包商的亲戚。这位亲戚听了萨克奇的话后，立即给承包商打电话，承包商得到消息后

连夜跑到别处去了。

第二天，当萨克奇信心满满地赶到承包商的藏身之地时，对方早已逃之夭夭，而他承接工程的费用，不知何年何月才能结清。

兵法上讲究"出其不意，攻其不备"。倘若对方不知道你的意图，他们就不得不去猜，不得不去想，如果猜想的方向失误，那你基本上握住了成功的手。但如果对方已经洞悉了你的下一步行动，并及时采取了针对性措施，那你还有任何胜算可言吗？

当你和一个口风严谨，喜怒不形于色的人打交道时，就必须打起十二万分的精神。因为你不知道对方真正的想法，也不知道对方下一步会采取怎样的行动。生意场上，这样的人往往屡战屡胜，因为他将你的一切都看在眼里，而你却看不出他的喜怒哀乐。

被人看穿了意图，你就成了人家的囊中之物，"人为刀俎，我为鱼肉"，你的生杀大权完全掌握在别人的手里。这种被别人控制的感觉，你喜欢吗？如来佛和孙悟空，谁都愿意成为如来佛，可如果管不住自己的嘴，你就很可能成为逃不出别人手掌心的孙悟空。

人生忠告：

青少年们现在要知道，将来的工作是你的衣食父母，是你生活的根基。倘若因为口风不严而阻碍了工作的进度，那你就不得不自食其果。所以，无论别人怎样威胁利诱，只要和工作有关，就打死也不能讲。别人知道你的事越少，你就越像一个谜，这个谜团，他们猜不到，想不透，因此也无从下手。

自我掌控，莫在错误的路上迷失

人生就是一座迷宫，我们不停地走错路，甚至一而再再而三重复同样的错误。犯错不要紧，重要的是知道错了要懂得及时回头。错误的路走多了，就会偏离自己最初的目标，渐行渐远。当发现自己走错路之后，就要立刻折回，重归正确的轨道上。

看得到自己的不足，才能看见市场的不足

“投资者需要在实践中认清自己的不足，并积极改正这些不足。一个看得见自身缺陷的人才可能看得见市场的缺陷，同时利用市场的不足获取利润。也只有认识到自己的愚蠢，才能利用市场的愚蠢。”

人都不是十全十美的，虽然巴菲特的优点多于他的缺点，但他也有一些不足。这些不足导致他犯过一些错误，甚至还为此付出了沉重的代价。

一只边缘不齐的木桶，其存水量的多少不取决于桶壁中最长的那块木板，而取决于最短的那块。我们的不足就像木桶壁中那块最短的木板，它可以令我们的努力功亏一篑，给我们致命的一击。正确认识自己的不足，才能使木桶装更多的水，才能使事态的发展达到理想的效果。

人，最了解的是自己，最不了解的往往也是自己。对于自己的一言一行，一举一动，我们了如指掌。但就因为太熟悉了，有时反而会认不清。因为认不清，所以错把对当错，把真当假，进而做了许多错事。人贵有自知之明，能够认清自己的缺点，并及时改正，这是成大事者必备的素质，如果不能，总有一天，你会自己害了自己。

麦克对自己的工作非常不满意，他愤愤地对朋友说：“我的上司一点也不把我放在眼里，改天我要对他拍桌子，然后辞职不干。”

“你对于那家公司的业务完全了解吗？对于这一行的窍门彻底掌握了吗？”他的朋友问道。

“没有！”

“君子报仇十年不晚，我建议你先将这一行的知识都摸透了，再辞职不干。”他的朋友建议。“你将他们的公司作为免费学习的地方，什么东西都明白了之后，再一走了之，不是既出了气，又有许多收获吗？”

麦克听从了朋友的建议，从此便用心学习，甚至下班后，还留在办公室研究如何将工作做得更好。

一年之后，那位朋友偶然遇到麦克：“你现在大概都学会了，可以拍桌子不干了吧！”

“可是我发现近半年来，老板对我刮目相看，最近更是委以重任，升职又加薪，我已经成为公司的红人了！”

“这是我早就料到的。”他的朋友笑着说，“当初你的老板不重视你，是因为你的能力不足，却又不努力学习。而后你痛下苦功，当然会令他对你刮目相看了。”

《伊索寓言》里说，当初普罗米修斯造人时，让每个人身上挂着两只口袋，一只装别人的缺点，挂在胸前；另一只装自己的缺点，挂在背后。结果，人人只消一低头就能看见别人的缺点，而对自己的缺点却很难看见。你有没有检讨自己不如意的原因，有没有细数过自己的不足之处？人无完人，你肯定会有这样或那样的缺点，而这些缺点就是别人打败你的致命伤。

有因必有果，如果你不被重视，肯定是因为你不够出色；如果你正遭受排挤，肯定是你某些地方做得有欠考虑；如果你拼命努力却还是失败了，肯定是因为你的方式不正确。一味逃避不足，其实是一种自欺欺人的做法，于事无补，还会让你以后的生活不断重复同样的错误。正视你的缺点，无论走到哪里，别人都不会忽视你的光芒，并且会真诚欢迎你的光临。

如果你的身体不好，就多加运动；如果你知识浅薄，就多看些书；如果你容易冲动，就努力克制；如果你粗心大意，做事时要多加注意……只要你用心，很多不足都是可以克服的，怕只怕你连面对的勇气都没有。人要学会正视自己的不足，经常进行自我检讨，有则改之，无则加勉。

有一个男子和太太情比金坚，恩恩爱爱，是当地夫妻的楷模。这位男子的太太，面貌秀丽，体态婀娜，唯一美中不足的是，她的鼻子是酒糟鼻。男子终日对太太的鼻子耿耿于怀。

一日，男子路过一个奴隶市场，看到一个身材单薄且清纯的女孩，正在等待着人们挑选购买，他突然发现这个女孩的鼻子很端正，于是花大价钱将她买了下来，

男子花高价买到了一个鼻子很端正的女孩，兴高采烈地带回家，想给心爱的妻子一个惊喜。回到家中，他立刻用刀把女孩漂亮的鼻子割了下来，然后拿着血淋淋的鼻子对太太说："亲爱的，快出来，看我给你买回来的宝贵礼物。"

太太应声出门，还没弄清状况，男子就已经拿起刀把太太的酒糟鼻子割了下来，然后把那只端正的鼻子嵌贴在伤口处。可是，他想尽一切办法，那个漂亮的鼻子却始终无法黏合在妻子的鼻梁上。

能够正视不足的人也会接受自己的不足，那些无法改变的不足，固然会给人留下遗憾，但刻意强求，只会令你的人生更不幸。坦然接受现实，你会变得更幸福，生活也可以轻松许多。每个人都有闪闪发亮的地方，我们要学会扬长避短，在自己的优势上下工夫，让优点盖过缺点。

有个孩子上中学时，语文老师在给他的评语中这样写道：该学生读书很用功，但做事过于死板，不可能在文学上有所成就。后来，一位化学老师得知语文老师对他的评价后，建议他改学化学，他高兴地答应了。后来，这个孩子荣获了诺贝尔化学奖，他就是奥托·瓦拉赫。

人没有绝对的优点，也没有绝对的缺点，优势和不足是相对的。只要你运用得当，不足可以变成优势；运用失当，优势会变成不足。正确认识自己的缺点，而不是固执地将不足当作自己的大敌，整日怒目相视，而是扬长避短，利用它更好地为自己服务。

人生忠告：

大雁如果秋天不南飞，就会在冬天冷冽的寒风中失去生命；雄鹰如果害怕坠入悬崖，就永远不能搏击长空；人如果知道自己有缺点却不改正，总有一天会酿成大错，自食苦果。缺点并不是过错，如果不能正确认识自己的不足，就是严重的问题了。人不可能完美无瑕，发现自己的不足并

及时改正，你就能像大雁一样在冬季享受温暖，像雄鹰一样在高空俯视万物了。

盲目的自我膨胀是愚蠢的

“如果你是池塘里的一只鸭子，由于暴雨的缘故水面上升，你开始在水的世界之中上浮。但此时你却以为上浮的是你自己，而不是池塘。”

有些人由于机缘巧合，做出了一些了不起的成绩，从此他们便整日沾沾自喜，以为自己真的无所不能。殊不知，他的成功只是瞎猫遇到了死耗子，他本人根本就没什么过人之处。

如此盲目自我膨胀者，巴菲特见得多了，并且对他们很不以为意。不过，巴菲特知道，当人被成功冲昏了头脑时，是很难客观进行分析的。不依靠父亲，霍华德和彼得在事业上都取得了不错的成绩，对此巴菲特为他们感到骄傲。不过巴菲特经常告诫他们，成功之后要不断进行分析，正确估计自己的能力，看看自己的努力在其中占了多少比例，不要将功劳全归在自己身上。

同事、同学或朋友圈儿中，总免不了存在这样的人——不论什么时候都一副自信满满的样子，甚至有点盛气凌人，讲话时喜欢高谈阔论，乍听起来似乎很在行，但时间久了，却发现他经常言过其实。后来，大家慢慢明白，这原来是个“自我膨胀”的家伙，他的话根本不值得相信。

往气球里充气，它会鼓起来，可膨胀到一定程度，它会因为不堪内部的压力而爆炸。自信是成功的前提，但盲目的自信就不是什么好事了，那叫做自我膨胀。一个人再有能力，也有一个限度，超过了这个程度，就只能自取灭亡。

人是靠实力说话的，没有实力，那说的话就是大话。有事实根据的话可以稳定人心，把牛吹上天的胡话只会遭人嘲笑。一次成功，是天时地利人和的综合因素，是团体共同努力的结果，绝不是仅靠一个人就能做到的。或许，你可以凭借一时的运气取得胜利，但漫长的人生路，终究还是要靠实力说话的。

在西方有个小国，常年处于战乱之中。这个国家的国王非常迷信，希望能找一个具有未卜先知能力的奇人异士帮自己赢得战争，于是他派人在全国四处寻找。

有一个叫萨奇的年轻人，非常聪明。小镇上的人遇到难题时，就会征求他的意见，而他也总能适时地给予正确的意见。久而久之，小镇上的人都认为他具有未卜先知的能力。

国王派来的官员听说他的事情后，来到了萨奇所在的小镇。他先把一个金子做的佛像藏在一个地方，然后让萨奇说出佛像的位置。恰巧，官员夜里在藏佛像时，被正在散步的萨奇看到了，他准确地说出了佛像的位置。就这样，萨奇被当作未卜先知的能人送到了国王的面前。

国王见到萨奇之后，又拿出一个盒子，让萨奇说出盒子里的东西。细心的萨奇注意到，国王的衣服上少了一颗扣子，于是他说盒子里的东西是扣子。听到萨奇的答案，国王及所有大臣都把他当作救世主一般尊敬，给他各种赏赐，并将战争胜利的全部希望都寄托在他身上。

萨奇知道，自己并不具有未卜先知的本领，但是接二连三的好运气让他相信，老天一定会给自己一些暗示，帮他赢得战争。所以，他就这样心安理得地接受了国王地各种赏赐，并幻想自己凯旋归来，成为国家英雄的场景。

可是，上了战场之后，萨奇一贯的好运气没有了，对打仗一窍不通的他，顿时乱了方寸，只是随意指挥大军。最终，萨奇的队伍全军覆没了，他招摇撞骗的行径也被揭穿了。盲目自我膨胀的萨奇，在举国上下的咒骂声中被送上了断头台。

成功的喜悦会冲昏人的头脑，当你一而再再而三成功时，很有可能会丧

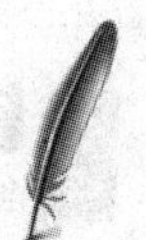

失理智，看不清自己，也看不清现实。理智者，知道自己到底有几分能耐，而愚蠢的人会自以为是地认为自己可以解决一切难题。

在一些年轻人看来，自信是成功的首要条件，也是成功者必备的素质之一。确实，自信可以为你打开成功之门，助你的事业步步高升。但是，自我膨胀与自信之间并不是等号的关系，它缺乏自知之明，是阻碍你进步的绊脚石，是让你坠入万劫不复深渊的催命符。人生是一道严肃的证明题，每一步都要有理有据，经得起推敲和证明。

人生忠告：

年轻人有自信、有野心是好的，但盲目地过度膨胀，只会给自己带来灭顶之灾。每个人都应该根据自己的实际能力判断自己的实力，知道什么话该说，什么话不该说，知道什么事该做，什么事不该做。拒绝自我膨胀，你才能脚踏实地地走好人生的每一步；拒绝自我膨胀，你才能拥有更美好的明天；拒绝自我膨胀，你才能活出属于自己的精彩。

了解环境，时刻清楚自己的所作所为

“风险来自你不知道自己正在做什么。”

在股市这个看似繁华却到处都是陷阱的世界里，许多人在还没有准备好之前，就糊里糊涂地走了进去，然后又糊里糊涂地赔掉了自己半生的积蓄，巴菲特将这些人的倾家荡产归结为无知。在巴菲特看来，当一个人不知道自己身在何方，不知道自己身处何种环境时，一定危机四伏，随时随地都有可能受到损失和伤害。

如果有人问你：“你现在正在做什么？”正在看综艺节目的女生，会大笑着回答：“我正在娱乐。”日上三竿还在赖床的男孩，会懒懒地回答：“我正在休息。”失恋后在深夜买醉的情痴，会伤心地回答：“我正在悲伤。”拿着信用卡在商场大肆挥霍的人，会不好意思地回答："我正在购物。"可是，这些人真的知道自己在做什么吗？他们有没有意识到，他们是在浪费时间，浪费精力，浪费大好青春年华。

试想，你现在正在一个黑乎乎的屋子里，不知道自己为什么在这里，也不知道自己要做什么。由于周围一片漆黑，你看不清屋里的陈设，也不清楚除了你之外，屋子里还有什么。也许，屋子里正躲藏着一个刚刚从监狱逃出来的杀人犯；又或许，你的正前方是一堵厚厚的墙，只要你再迈一步，就会被撞得头破血流。危险，就是你因为不清楚自己正在做什么而招致的灾难，而这种危险的代价，可能正是你最无法承受的。

美国加州有一个6岁的小女孩，她父亲有一辆漂亮的大卡车，她父亲总是为那辆车做全套的保养，以保持卡车的美观。

一天，调皮的小女孩拿着硬物在父亲的卡车上划下了无数刮痕，父亲发现后，一气之下用铁丝把小女孩的手绑了起来，然后让她站在车库里罚站。当父亲想起小女儿还在车库罚站时，已经是4小时之后了。他匆匆忙忙赶到车库，看到小女孩的手已经被铁丝绑的血流不通了。

小女孩被送进急诊室，医生说她的手需要马上截肢，因为手掌部分的组织已经坏死，如不截去，可能会危及到小女孩的生命。就这样，小女孩失去了一双手掌，可是她不知道，自己到底发生了什么事，而他的父亲也因此每天都活在深深的悔恨中。

几个月之后，小女孩的父亲将卡车重新烤漆，就像全新的一样。当他把卡车开回家后，小女孩看着重新烤漆过的卡车，对着她的父亲说："爸爸，你的卡车又像以前一样漂亮了。"

然后，天真无邪的小女孩伸出了她那截肢的双手，说："那您什么时候把我的手还给我呢。"

小女孩的话像刀一样落在了父亲的心上。最后，更大的悲剧发生了，那位父亲在小女孩的面前，举枪自杀了。

一个人现在正在做什么与说什么，影响的并不是现在，有时是明天，甚

至明年。可是，人们往往只在意此时的所思所想，被感情冲昏了头脑，根本就不考虑自己现在的行为可能引发的后果。等到他一时冲动，犯下无可挽回的错误之后，才开始不断地问自己："我到底做了什么？"

在世界名著《红与黑》中，于连为了前途与侯爵之女玛蒂尔德小姐结了婚，正当他步步高升之际，昔日的恋人瑞那夫人给侯爵写了封信，揭发他们曾经的关系。盛怒之下，于连找到瑞那夫人，向她连发两枪。后来，于连因为开枪杀人被捕，在监狱中，想到自己的这些年的所作所为，于连陷入了深深的悔恨中，抵不住良心的谴责，他最终选择以死赎罪。

年轻人要对自己正在做什么有清醒认知，对自己的所作所为会对自己和他人造成什么样的影响。如果你对自己身处的环境一无所知，那别人就能轻易地打压你，而面对迎面而来的打击，你根本就没有任何反击的能力，只能任人牵着鼻子走。只有知道自己正在做什么，你才了解如何避开危险，如何令自己更安全。

只有勤于学习，年轻人才能适应时代的需要，只有勤于动脑，我们的思想才不会枯竭；只有勤于工作，我们的生活才有保障。一个知道自己正在做什么的人，一定知道自己为什么这样做，这样做有什么目的，能够达到怎样的效果，自己将来是不是会为此而后悔……我们竭尽全力做一些事，就是希望自己具备抵御风险的能力。

一位教授问他的学生，任何时候都无关紧要的事，眼前急需解决但对日后并无意义的事，眼下并不着急但日后会令你受益匪浅的事，这三件事，你们正在做哪件？其实，我们大部分人都将精力投入到前两件事情当中。实际上，只有做第三件事的人才清楚地知道自己正在做什么，只有这种人才能使自己免于危险的威胁，并成就一番大业。我们做人做事要有长远考虑及目标，现在所做的事才有意义。

人生忠告：

扪心自问，你知道自己现在正在做什么吗？你现在所做的事情有意义吗？不要被一时的情感控制，分不清哪里才是东南西北；不要执著于不可能的事情,让痴心妄想毁了本来可以拥有的幸福;不要无知到看不清现实,在糊里糊涂中损耗自己的生命;不要幻想天上会掉馅饼,你可以不费吹灰之力就捡一个大便宜……立足于现实,着眼于现实,知道自己在做什么,摆脱一切可能会令你迷失的消极情绪,这样的人生才有意义。

现实主义者是对自己负责

"我是个现实主义者,我喜欢目前自己所从事的一切,并对此始终深信不疑。作为一个彻底的实用现实主义者,我只对现实感兴趣,从不抱任何幻想,尤其是对自己。"

股神巴菲特是一个十分现实的人,他从不幻想,因为幻想不仅于事无益,还会影响他的判断。事实证明,建立在现实基础上的决定,为巴菲特赢来了一次又一次的成功和辉煌。

生活中从来都不缺乏活在幻想中的人,有些人幻想成为天王巨星,于是不顾众人反对,毅然决然地投入影视圈,在现实中摸爬滚打多年之后,才发现自己的想法太天真了,演艺界那么多比自己年轻、漂亮且有背景的人,自己凭什么能脱颖而出呢?还有些人,明明没什么经商头脑,却偏偏认为自己与众不同,可以做好别人做不到的事,并干出一番令人刮目相看的成绩,等到在商界碰了壁,全部家当血本无归之后,才在残酷的现实中承认,原来自己真的不是商业奇才。

我们是真实存在的人,生活在一个无比现实的社会之中,在幻想中寻求逃避,你或许可以躲避一时的压力和责任,但这对事情的发展并没有多大意义。而且任何事情,你躲得了一时,躲不过一世,等到你不得不面对现实时,损失会更严重,问题也更难解决。时间可以冲淡一些事,但时间也能摧毁更多。

一些幻想主义者常常不服气地反驳："人类很多进步都是从幻想开始的。如果爱迪生不爱幻想，那世界上哪来的电灯？如果莱特兄弟不幻想，世界上哪来的飞机？"的确，丰富的想象力是文明的源泉，我们也提倡爱迪生和莱特兄弟那样的人再多一些奇思妙想。但是，你有爱迪生和莱特兄弟对真理的坚持吗？具备他们坦然面对外部压力的坦然吗？如果有，幻想就是你成功的开始；如果没有，幻想就是你失败的根源。

18岁时，奥利亚的父母在一场车祸中丧生了。家中只剩下一个从小就患有自闭症的弟弟。家庭的日常开销，弟弟治病的费用……生活的重担，全部压在了奥利亚的身上，为了生活，她不得不选择退学。

白天，奥利亚在裁缝店里帮忙做衣服；晚上，她在一家小餐馆打工。好不容易回家之后，她还要照顾因为患有自闭症而生活不能自理的弟弟。生活的艰辛压得奥利亚喘不过气来，不过她知道，家庭是自己的责任，她必须勇敢地扛起这个重担。

一个很优秀的小伙子，疯狂地爱上了奥利亚，并且表示愿意和奥利亚一起照顾弟弟。尽管奥利亚也喜欢这个青年，但她还是拒绝了。朋友不解，问她原因，她很冷静地回答："我家庭的负担有多重，我自己十分清楚。现在，他因为喜欢我而照顾我弟弟，但时间久了，他一定会觉得累，觉得疲惫，分手是注定的结局。与其让他将来怨恨我，倒不如从来没有开始。"

朋友安慰奥利亚说："并不是所有人都这样不堪一击，也许他会一辈子愿意对你和你的家人好呢。"

奥利亚笑着，说："世界上这样的男人太少了，我是一个现实主义者，不会因为期望就做这样的美梦，因为这样的梦终究是会破碎的。"

在生活中变得理智的奥利亚，从来不会做年轻女孩爱做的梦，她不会幻想与某位男士的一次美丽的邂逅，也不会幻想哪天自己会因为运气而发一笔横财。她只知道认真做好自己的事，靠自己的力量解决一切问题。

在裁缝店工作多年之后，奥利亚四处借款开起了自己的裁缝店，由于做工精致，样式新颖，她的裁缝店得到了附近居民的认可，大家都喜欢在这里订做衣服。

又过了几年,裁缝店变成了服装厂,奥利亚成了服装厂的老板。在多年的治疗和悉心照顾之下,她弟弟的病渐渐有了起色。

当今社会,无论是男人还是女人,都承受着空前的压力,这种压力已经不允许人们再逃入幻想中度日。一个现实主义者,做人做事会认真考虑清楚,即使前面有天大的困难,他们也会想尽一切办法克服。当解决的问题越来越多时,他们的能力也会一步步提高。渐渐地,原来的问题都不再是问题。走出幻想世界,立足现实,才是生存之道,成功之根本。

还有些年轻人,总是寄希望于别人,希望他人帮自己解决问题。可实际上,这个世界上除了父母之外,没有人会无条件全心全意为自己付出。人在生活的重担面前很脆弱,就算有人起初愿意为你承担一切,但岁月会将这种意志消磨,到最后,最初真挚的感情也会所剩无几。靠人不如靠己,与其将所有希望放在他人身上,不如凭自己的本事闯出一番天地,解决自己的困境,因为在这个世界上,自己永远不会嫌弃自己,更不会背叛自己。

人生忠告:

年轻人要对生活抱有美好的愿望,但却不能脱离现实。如果你连温饱都成问题,却还是想着泰坦尼克号的豪华之旅,那就有点痴心妄想;如果你皮肤黑如焦炭,却想成为美白护肤品的代言女主角,那你的希望恐怕会落空;如果你平衡感极差,却想在高空中走钢丝,那你就是拿自己的生命开玩笑。如果你有许许多多不切实际的幻想,就让它成为你心底美好的愿望好了,不要将它带入你的现实生活中去。因为,现实在粉碎美梦的同时,也会毁掉你的人生。

正视错误，让损失到此为止

“当我发现自己正处于一个洞穴之中时，最重要的事情就是停止挖掘。”

巴菲特作为长期型投资者而闻名，其实他很清楚何时该停手，何时该继续。如果他确信一项失败的投资再也没有翻身的机会，他绝不会留在原地继续承担损失，而是在错误的路上折回，让损失降到最低。

希腊画家亚伯尔曾把自己的画放在街上，自己躲到画后听取意见。有个鞋匠走过来说，人物的鞋子画的不对，亚伯尔马上改了。后来，这位鞋匠一而再再而三地批评其他部分，亚伯尔终于忍不住，从画后跑出来说：“你还是只谈鞋子好了。”每个人的一生都在不停地犯错，但面对错误的态度却各不相同。弱者回避错误，自欺欺人者忽视错误，只有强者才敢于正视错误，并选择让错误到此为止。

歌德曾说过：“人的错误正是使人显得可爱的东西。”当你勇敢地正视错误，才会找寻正确的道路，不断地进步，让别人认为你是一个坦率诚实的人。真实的东西不管它的面貌如何，总胜过虚伪地掩盖，因为前者经得起考验，而后者只会造成更大的伤害。

杰克在工作中犯了一个很严重的错误，这个错误使他处于一种尴尬的境地，为他的生活带来了很大的烦扰。于是，一个星期天的清晨，他动身到山中参加一次徒步旅行。这次旅行的领队是一位出色的商界人士兼户外旅行家，他希望这位领队能给自己一些指导。

当杰克匆匆忙忙赶到集合地点时，其他人已经出发了。杰克迟到了，而且他找不到回去的路。

就在这时，一位老人向杰克走来，说：“我是徒步旅行的领队，你迟到了。”杰克知道，这就是自己要找的人，他很抱歉地说了声对不起。然后老人带着杰克去寻找徒步旅行的队伍。

路上,老人问杰克:“你为什么想来徒步旅行?”

杰克回答说:“因为我最近犯了一个错误,而且这个错误给我带来很多麻烦,我希望能够找到解决之道。”

老人说:“你现在最需要的,就是做出一个能让你摆脱困境的更好的决定。”

“您能告诉我‘更好的决定’是指什么吗?”杰克不解地问道。

“更好的决定会让我们感觉舒服,并且能得到更好的结果。不管你正在做什么,必须马上停下来,因为要做出一个更好的决定,就要先停止继续执行一个错误的决定。”老人说道。

“但是我担心,如果放弃了已有的东西,可能会找不到更好的替代品。”杰克将自己的担忧告诉了老人。

“我们都有这样的担心。”老人说,“承认并放弃自己的错误需要勇气,但实际上,只有用这种方法,事情才有可能获得更好的结果。”

老人还告诉杰克:“当对你无益的东西不再阻碍你,你就可以自由地寻找更好的方法,而通常你很快就能找到那种方法。如果往盛满了冷茶的杯子里倒热茶,那么热茶根本进不了杯子,而只会溢到茶托上,停止现在的错误,你的解决之道才能生效。”

由于知识和阅历等客观因素的限制,我们对很多人和事都无法做出正确的判断,所以会在无意中走错方向,做错了选择。当你发现自己犯了错时,现实的压迫感可能会沉重地令你喘不过气来。可是,错了就是错了,你再怎样痛苦,再怎样煎熬也于事无补,唯一能做的,就是让事情回归正确的航向。

一些年轻人发现自己犯错后,首先想到的不是纠正错误,而是隐瞒。他们害怕错误会毁了自己的名誉,害怕错误会使自己遭人嘲笑,或者希望能有奇迹发生,让错误在顷刻间消失。所以,他们选择一错再错。

当你发现自己的衣服上有一滴墨汁痕迹时,难道你要将整件衣服都浸

在墨汁里面吗？犯一次错已经很悲哀了，难道你要让错误继续下去，让自己彻底错到底吗？如果真是这样，你的良心难道不会觉得不安吗，你真的可以这样心安理得且若无其事地生活下去吗？

更何况，"若想人不知，除非己莫为。"任何事都有真相大白的一天，等到你的错误暴露在阳光之下时，你如何自处，如何面对身边的每一个人？不小心犯了错误，别人还可以理解，但明明知道却一错再错，那就无论如何都得不到宽恕和谅解了。当发现自己错了，你最该做的就是停止错误，并及时找出解决之道。

年轻人犯错时，潜意识中会将错误造成的后果扩大化，其实事情根本就没有你想象的那么严重。我们身边的亲人和朋友都是深深爱着我们的，他们会原谅我们的过错，并由衷地为我们的敢于承认错误的勇气感到骄傲。只要我们能够正确认识自己的错误，无论发生什么事，一切都还有重来的机会。

人生忠告：

错过了日出，可以欣赏夕阳；经历了风雨，可以看到彩虹；虚度了今天，可以加倍珍惜明天。正确认识了错误之后，你会变得更加成熟、稳重且睿智，再也不会重复从前的错误。错了，就及时刹住疯狂的列车，不要等掉下悬崖后，才追悔莫及。

理智做事，用理性的态度把握生活

"我很理性，许多人有更高的智商，许多人工作时间更长，但是我能理性地处理事情。"

巴菲特是一个富有同情心的人，但是当提到商业决策时，他会把所有的感情因素都抛开，只注重事实和理智。

有一次,巴菲特一家到加州度假。期间,他总是和水牛城新闻报的利普席通电话,连续3天都是如此。当时那家报社发生了罢工,巴菲特为他们做了完整的企业规划后,得出的结论是关闭报社比继续营业要划算。可是,基于个人情感,对方并没有让报社停业的打算。

其实,巴菲特做任何决定,都会按部就班地进行理性思考。电话另一端的人,显然没有意识到,这一决定正是巴菲特基于理智做出的正确判断。

亚里士多德说:"人是理性的动物。"很多人常常只凭一时喜好做事,然后独自品尝感情用事的苦果。所有人都知道,感情用事是毁灭自己的毒药,轻则人际关系不和谐,家庭鸡犬不宁;重则丧失理智,做出令自己悔恨一生的憾事。

人生在世,不如意的事十之八九,如果稍不称心,就丧失理智,那前面的路注定还会有更多的荆棘和埋伏。很多时候,我们固执地坚持一些东西,想不通,放不下,任由感情的洪水淹没理智的心。

1996年春,瑞典的克洛普和其他12名登山者一起攀登珠峰。在距离珠峰峰顶仅剩下300英尺(1英尺=0.3048米)时,他毅然转身独自下山。在离峰顶近在咫尺时,克洛普为什么转身而返?原因在于他预定返回的时间是下午2点。虽然仅需45分钟就能登顶,但那样他会超过安全返回的时限,无法在夜幕降临前下山。而与克洛普同行的12名登山者大多数登上了峰顶,实现了自己多年的梦想。不过他们都因错过了安全返回的时间,而葬身于暴风雪中。

英国大发明家瓦特,因发明了蒸汽机就沉醉于胜利的美梦中无法自拔,最终再无成就;三国枭雄刘备,因二弟之死,无法忍受痛苦而擅自率领大军攻打吴国,最终导致全军覆没……

车尔尼雪夫斯基说:"在对生活保持理智的清醒的状态下,人们就能够战胜他们过去认为不能解决的悲剧。"很多悲剧,都是在顷刻之间发生的,如果在事发的一刹那,当事人的理智能够战胜情感,也许就不会有日后无尽的痛苦和悔恨了。

爱丽娜在一家广告公司做企划主管，因业务的需要，公司要招一名文案。第一时间，爱丽娜想到了自己的大学同学麦克。于是，爱丽娜向老板推荐了他，老板答应试用。

麦克上班3天之后，老板又领来了一个叫杰理的小伙子，对爱丽娜说："自荐来的，你试用一下。"

一个职位两个人争，爱丽娜当然心向着麦克，因为他是自己的同学。所以，即使杰理的不少创意令爱丽娜忍不住拍手叫绝，但她仍然看完之后就扔在一边，根本不予采纳。

有一次，给一家实力雄厚的公司做广告词时，爱丽娜仍然选送了麦克那份文案，可惜没有被采纳。这时，杰理找到爱丽娜，请求把他那份送过去试试，但爱丽娜没有同意。

杰理在忍无可忍的情况下，将这件事告诉了老板，老板命爱丽娜将杰理的文案送到那家公司去，那家公司竟然没有改动一个字就采纳了。

眨眼间试用期过了，杰理压倒性地战胜了麦克，爱丽娜感到很内疚，就在她不知如何向麦克解释时，老板宣布：麦克入职了，杰理也留了下来，离开的人竟然是爱丽娜。

老板的理由是，公司留下的是全心全意推动公司发展的人，绝不是那些因个人喜好而牺牲公司利益者。

爱丽娜之所以会被辞退，是因为她忘了职场的规则。任何一位老板都不会雇佣心存私心的员工，一时的感情用事，凸显了你的私心，也可能因此葬送了自己的大好前程。无论遇到什么事，理智都是你不断获胜的筹码，拥有理智，你就能谨慎下好人生棋盘上的每一步棋。

当然，情感的力量是巨大的，当人的心智被情感控制时，理智似乎是件奢侈品。可再怎样奢侈，我们也要心存一丝理智，因为对我们来说，感情用事的结果，往往是我们无法承受的，一旦错了，就再也没有回头的余地。

鲍比是小镇上出名的愚人，可是他的运气不错。一次下雨时，有一堵围墙被雨冲倒，他居然从倒塌的墙下挖出了一坛金子，因此一夜暴富。可是他依然很笨,也知道自己的缺点,于是他向一位老人诉苦。

老人告诉他:“你有钱,别人有智慧,你为什么不用你的钱去买别人的智慧呢?”

于是鲍比来到了城里,遇见一位智者,就问道:“能把你的智慧卖给我吗?”

智者答道:“我的智慧很贵,一句话100两银子。”

鲍比说:“只要能买到智慧,多少钱我都愿意出!”

于是那位智者对他说道:“遇到困难时不要急着处理,问问自己,怎样才是最理智的做法。”

“智慧这么简单吗?”鲍比听了将信将疑,生怕智者骗他的钱。

智者从他的眼中看出了他的心思,于是对他说:“你先回去吧,如果觉得我的智慧不值这些钱,那你就不要来了,如果觉得值,再把钱送来!”

当夜回家,在昏暗中,鲍比发现妻子居然和另一个人睡在炕上,顿时怒从心生,拿起菜刀准备将那个人杀掉。突然,他想到白天买来的智慧,就暗自问自己,怎样才是最理智的做法呢?正当他苦思冥想之际,那个与妻同眠者惊醒过来,问道:“儿啊,你在干什么呢?深更半夜的!”

鲍比听出是自己的母亲,心里暗惊:“若不是白天我买来的智慧,今天就错杀母亲了!”

第二天一早,他就给那位智者送银子去了。

感情是冲动的野马,而理智则是马头上的缰羁。感情如足,只知奔走;理智如目,指示方向。善御的人可以使野马服帖就范,操纵自如;而不能驾驭野马者,只能令感情蒙蔽自己的头脑,犯下无可挽回的错误。

人生忠告:

做事之前,在心底暗暗问问自己这样做,是不是最理智的做法,我会不会因此而悔恨终身?

第10章

Chapter

抗击逆境，越挫越勇无愧青春

晴空万里时会突然乌云密布，满心欢喜时会突然噩耗降临，人生就是有那么多的意外，人生就是有那么多的挫折。可是在挫折面前，你是一蹶不振，还是越挫越勇？生活的强者，将挫折视为上天对自己的考验，在挫折面前，他们会抬起自己高贵的头，昂首挺胸，大步向前。

一帆风顺在人生的道路上不太实际

“不能承受股价下跌50%的人就不应该炒股。”

在世人看来，股神和世界第一富翁的头衔，是那样金光闪闪且高不可攀。可是，我们只看到了他光鲜的外表和周身环绕的光环，却忽略了通往成功的路上，到处都是荆棘和陷阱。

巴菲特的投资生活绝对不是一帆风顺的，在1973—1974年那场严重的经济衰退中，他的公司受到了严重的打击，股价从每股90美元跌至40美元；在1987年的股灾中，他又受到冲击，公司股价从每股4000美元跌至3000美元；在1990—1991年，海湾战争前的几个月内，他再次遭到重创，公司股价从每股8900美元急剧跌至5500美元。

在投资的路上，巴菲特经历了很多，但他并没有被打垮，因为他知道，成功和挑战是相伴而生的。要攀上成功的巅峰，他早就已经做好了迎接所有困难的准备。

成功看上去很美，但背后却蕴藏着无数的酸甜苦辣与悲欢离合。很多人在灾难来临时，手忙脚乱且惊慌失措，不知该如何应对。在他们的教育里，有如何享受，如何快乐，如何成功，却没有该如何走出困境。人的辛酸历程里，失败总比成功多，坎坷总比机遇多，我们最应该进修的课程，不是在成功时如何庆祝，而是为未来不如意的事做好准备。

哭是心理脆弱的表现，抱怨是不能认清事实的表现，放弃是没有毅力的表现，如果遇事时，你只会哭，只会抱怨，不做任何努力就选择放弃，那你绝对不可能成就大业。那些真正做好迎接困难挑战的人，往往能人所不能，忍人所不能忍。失败了，他会笑着说自己还有重来的机会；摔倒了，他会坚强地爬起来说没关系；即使害怕，他还是会勇于尝试……经历之后，他就具备了战胜一切的品质。

丹格尔3岁时，和父亲在公园里玩耍，他不小心摔倒了，哭着嚷着让父亲把自己抱起来。父亲没有伸手将孩子抱起，而是对他说："摔倒了，不能哭，自己站起来。"不得已，丹格尔抹掉眼角的泪水，站了起来。

丹格尔7岁时，不小心掉进河里，差点被淹死，从此他就变得十分怕水。可是，父亲却不顾丹格尔的恐惧，坚持让他学习游泳，甚至说出学不会游泳就不许回家的狠话。在父亲的逼迫下，丹格尔终于学会了游泳，也克服了对水的恐惧。

丹格尔10岁时，第一次考试成绩没得第一名，为此他很伤心。他不敢回家，因为他怕对自己要求甚严的父亲会因此而责备自己。晚上，父亲在大街上找到了手脚冰冷的儿子，也看到了那张没得第一名的成绩单。可是出乎丹格尔的预料，父亲没有责备他，而是请他吃了一顿大餐，微笑着说："恭喜你，孩子，你终于经受过失败了。"

丹格尔14岁时，身体变得非常虚弱，做任何事都没有力气，他甚至一度悲观地认为自己就要离开人世了。可即使在病重之中，父亲还是坚持让他每天按时上学、做家务并和朋友一起踢足球。

丹格尔17岁时，父亲被查出患了肺癌，只剩下3个月的生命。丹格尔听到消息后，忍不住痛哭起来，父亲严厉地训斥了他。即使只有3个月的生命，父亲还是坚持做化疗。每天，无论化疗多么痛苦，看到儿子时，他总是一张微笑的脸。无聊时，他会和病房里的病友一起唱歌，歌声传到儿子的耳朵里，既动听又刺耳……

3个月过去，父亲去世了，丹格尔在收拾父亲的遗物时，看到了一封留给自己的信。信中，父亲这样写道：孩子，很抱歉不能陪你走以后的路了。从小到大，我对你都异常严厉，那是因为我知道，人生不可能一帆风顺，你必须为将来未知的麻烦做好充足的准备。现在，我走了，但是我走得很安心，因为我知道，你已经足够坚强和勇敢，不管将来遇到多大的困难，都可以从容面对，我想这是我留给你的最宝贵的财富了。

读完信后，丹格尔泪流满面。原来，父亲如此深爱着自己，他用自己的一生，为他上了一堂最生动的课。

世间的事瞬息万变，谁也不能预测明天会是怎样一番景致。我们不愿意遭遇不幸，可如果这是命中注定的事，我们就避无可避。困难并不可怕，可怕的是你没有战胜困难的能力，可怕的是你对即将发生的事情没有任何心理准备，以至于悲剧发生后，你无法力挽狂澜，而放任事态的发展越来越恶化。

德意志民族承受了在二战中惨败的战争恶果，但他们依旧有对于美好生活的幻想，依旧对明天充满了希望，所以他们凭借坚强的意志，重新站起来了；海伦·凯勒的人生似乎从出生开始就注定了是个悲剧，不过从有意识的那天起，她就知道自己是与众不同的，知道自己必须加倍努力才能活得精彩，所以她凭借不屈的精神，成了全世界人民的楷模……

弱肉强食，适者生存，自古以来就是不变的真理，世界的主宰，一定是那些早已做好了迎接困难的挑战，并在困境中沉着应对的人。如果你不能成功，就不要怨天尤人，怪只怪，你并不具备成功的素质。“胜者为王，败者为寇”，不行就是不行，结果输了就是输了，成功者有成功的理由，失败者没有失败的借口。

人生忠告：

逝去的，我们已无可追悔，现在的每时每刻，我们都要善加利用。一点点武装自己，磨炼自己，让自己变得足够坚强与勇敢，为将来可能会遭遇的不公、嘲讽、坎坷和磨难，做好100%充足的准备。如果厄运真的无法避免，一定要验证在我们身上，那我们也绝不就此妥协，绝不任人摆布。

以进取的态度成就人生

“任何不能永远发展的事物，终将消亡。”

巴菲特声称自己的工作就是读书，巴菲特一直在寻求好的投资机会，即使面对人生的挫折，巴菲特也从没想过要放弃。在创造自己的财富帝国过程中，巴菲特一直在以一种进取的态度学习并进步，否则，在这个人才辈出的时代，他早已被时代大潮所淹没，成为无人留恋的过去。

当各式各样的光盘充斥着市场时，苹果公司不断进取，力图变革，经过认真研究和分析，向全世界推出了MP3。MP3的推出，立刻引起了世界性的仿效，产生了一个新的巨大市场。在创新进取思想的指导下研发的产品，令消费者排队购买，成为市场上最炙手可热的商品。

IBM公司也是众所周知的国际大型企业，它经历了硬件→软件→服务三个战略重点的转移。当它在计算机硬件领域的地位下滑后，其战略重点开始转向软件业，而今又转向了服务业。目前其服务产业的收益已占到总收益的一半以上，还收购了普华永道的咨询事业部。IBM保持领先的秘诀就是比别人跑得更快，比别人更懂得如何适时而变，积极进取。

花儿不断吸收大地的养分，为了开得更娇更艳；小溪不断地奔涌向前，总有一天可以汇入大海；鲤鱼不断地往上跳，也能跃进遥不可及的龙门。一个一无所有的人，可以靠不断进取征服整个世界；一个拥有一切却不思进取的天之骄子，总有一天会沦为他人歧视的人下人。有人说，人生靠的是运气；也有人说，人生靠的是朋友的帮助；但实际上，人生靠的是个人的不断努力和进取。

理查德天资聪明，记性非常好，一篇文章只要看两三遍，就能将其中的内容一字不差地背下来。邻居们都说他是神童，将来一定大有作为。

在周围人羡慕的眼神中，原本好学的理查德开始变得自满，认为凭自己的天赋，即使不努力，也可以有所成就。从此，他变得不思进取，每天和朋友一起吃喝玩乐。

起初，凭着自己的天赋，理查德确实显得与众不同，可几年之后，他在同伴中的优势不复存在了。当他决定好好学习时，却发现，他的智力已经与平常人无异了。

一个人的天赋是上天给的，但一颗积极进取的心，却是任何人都无法给予的。天赋再高，也需要努力和勤奋的积累，否则智慧会在玩乐中变成愚昧，聪明会在慵懒中变成迟钝，一世英明也会在不思进取中变成千古骂名。永远不要期望你可以不费吹灰之力就拥有一切，天上不会掉下免费的馅饼，要想得到自己想要的一切，就必须靠努力使自己具备相应的素质和能力。

人的欲望是没有止境的，人可以取得的成功也是不可限量的。到了一个高度，你可以到达一个更高的高度；取得了一次辉煌，你可以获得更大的辉煌。所谓“逆水行舟，不进则退”。当别人以火箭的速度快速进步时，如果你还以蜗牛的速度慢慢爬行，那即使你刚开始将人远远地甩在身后，那总有一天别人会超越你。到时候，你所有的成功和辉煌，都将永远成为过去，不会再有人记起。

在一片荒芜的土地上有两颗种子。它们呼吸着同样的空气，吸收着同样的营养，却对生活抱着不一样的想法。

一颗这样想：我得把根扎进泥土里努力地往上长，要度过春夏秋冬，要看到更多美丽的风景。于是，它努力地生长。又到了一个黄金的秋天，它培育了很多颗成熟的种子。

另一颗却这样想：我若是向上长，可能碰到坚硬的岩石；我若是向下扎根，可能会伤着自己脆弱的根须；我若长出幼芽，肯定会被蜗牛吃掉；若开花结果，可能被小孩连根拔起，还是躺在这里舒服又安全。于是，它闭缩在土里。一天，一只觅食的公鸡走过来，三啄两啄，便将它吞到肚子里。

许多年轻人都害怕改变，怕改变会损害自己的利益，可生活不会因为你的害怕就停滞不前。这个世界上没有不变的事物，新老交替是万物生长的自然规律，没有人能够抗拒，而唯一能做的就是去迎接这个变化，适应这个规律。每个人的一生，都是自己选择的一种生活态度，你选择积极向上，就可以高耸天际；你选择停滞不前，就会被后浪狠狠地拍在沙滩上。

罗兰说："人不可以一直沉浸在对过去的留恋中，否则就会对现实失去进取心。"过去的风景固然美丽，可再美丽它也只能停留在过去，永远不会成为你的明天。不要一直停留在山脚下而不肯攀爬前面的高峰，否则你就永远不能感受到"会当凌绝顶，一览众山小"的豪情。

人生忠告：

人生没有了进取，就如同行尸走肉，渐渐会被奢华所吞噬；人生没有了进取，就如同没有灵魂的躯壳，思想将会一去不复返；人生没有了进取，就如同停滞不前的时钟，永远也不能找到正确的钟点。努力成为一个积极进取者，你就可以实现理想，实现愿望；努力成为一个积极进取者，你的生活会变得更精彩惬意，你也可以发现真正的自己。

过去不等于将来

"近年来，我的投资重点已经转移。我们不想以最便宜的价格买最糟糕的家具，我们要的是按合理的价格买最好的家具。"

可口可乐、所罗门、美国运通、中石油……一次又一次的丰功伟绩，奠定了巴菲特不可动摇的股神地位。凭借巴菲特在投资领域的天赋，1965—2006年的42年间，伯克希尔公司净资产的年均增长率达到21.46%，累计增长361156%。可是，对巴菲特而言，如此辉煌的业绩，在未来不具备任何意义,无论以前有过怎样令人咋舌的精彩业绩,他始终小心翼翼地实行着自己的投资大计,不敢有一丝一毫的掉以轻心。

一些年轻人沉醉在过去成功的喜悦中,以为自己从此以后平步青云,一生与失败无缘;还有一些年轻人沦陷在过去失败的牢笼里,将心封死,再也不轻言尝试。过去的标签像阴魂野鬼般缠绕在他们身上,让他们找不到自己正确的位置,也看不清前方正确的道路。

过去不等于将来,过去你成功了,不代表将来还会成功;过去你失败了,也不代表将来还会失败。过去的种种已经永远地留在了过去,将来的种种,靠的是现在的决定。失败的人不要气馁,成功的人也不要骄傲,只要把握今天的每分每秒,那你的明天一定是成功的。

在美国田纳西州的小镇上,有个名叫洛丽塔的小姑娘。因为她是私生女,所以伙伴们都歧视她、排斥她或捉弄她。她变得越来越懦弱,开始封闭自我,逃避现实,不与人接触。

洛丽塔 12 岁那年,镇上来了一个牧师,人非常好。她曾经多少次躲在远处,看着镇上的人兴高采烈地从教堂里出来。她通过教堂庄严神圣的钟声和人们的面部神情,想象教堂里面的样子,以及里面发生的一切。

有一天,她终于鼓起勇气,待人们走进教堂后,偷偷溜进去,躲在后排倾听。牧师正在演讲,演讲的内容实在是太精彩了,洛丽塔被深深地震动了,她感到一股暖流冲击着她冷漠且孤寂的心灵。由于听得入迷了,洛丽塔忘记了时间,直到教堂的钟声敲响才猛然惊醒,但已经来不及了。

率先离开的人堵住了她逃走的去路,她只得低头尾随人群,慢慢移动。突然,一只手搭在她的肩上,她惊慌地顺着这只手臂望上去,正是牧师。

“你是谁家的孩子?”牧师温和地问道。

这句话是她多年来最害怕听到的,它仿佛是一只通红的烙铁,狠狠地烙在了洛丽塔的心上。人们停止了走动,几百双惊愕的眼睛一齐注视着洛丽塔。

这时,牧师的脸上浮现出慈祥的笑容,说:“噢……我知道了,我知道你

是谁家的孩子了，你是上帝的孩子。”

洛丽塔完全惊呆了，眼里含着泪水看着牧师。牧师抚摸着洛丽塔的头发说：“这里所有的人都和你一样，都是上帝的孩子！过去不等于未来，无论你过去怎样不幸，这都不重要，重要的是你对未来充满希望。”

牧师继续说：“孩子，人生最重要的不是你从哪里来，而是你要到哪里去。不论你过去怎样，那都已经过去了，只要你调整自己的心态，明确目标，乐观积极地去行动，就能拥有一个美好灿烂的明天。”

牧师话音刚落，教堂里爆发出热烈的掌声。洛丽塔终于抑制不住，眼泪夺眶而出。

从此以后，洛丽塔变了。她不再逃避现实，积极乐观地面对每一天，终于在40岁那年，成为田纳西州的州长。

人生的变化如浮云，昨天还感觉世界末日即将到来，今天就觉得前景一片光明；前一刻还是晴空万里，下一秒就是乌云密布。好运和厄运都不会一生只缠绕着一个人，与你一生相伴的是你的心。态度决定命运，心境决定前途，有一颗谦虚谨慎的心，你就有一个光明的前途；有一颗沾沾自喜的心，你的明天就危机四伏。

如果眼睛只盯着后面看，那前面的路注定一片黑暗；如果眼睛看到了前方的曙光，那希望就永不磨灭。每个人都是上帝的孩子，上帝给我们记忆，是想让记忆帮忙守护自己的孩子，而不是成为束缚我们的枷锁。检视一下自己的行为，看自己是不是生活在了过去的阴影里；照现在趋势发展下去，你的人生会有怎样的结局？

一位在商场上失意的男子向当地一位有名的大师问禅，大师只是以茶相待，却不说禅。大师将茶水注入这位来客的杯子，直至杯满，还是继续注入。这位男子眼睁睁地望着茶水不停地溢出杯外，再也不能沉默下去了，终于说道：“已经溢出来了，不要再倒了。”

“你就像这只杯子一样。”大师回答，“里面装满了你的过去，不先把自己的杯子倒空，叫我如何对你说禅呢？”

男子恍然大悟。

背着沉重的行囊,前面的路注定要走得辛苦又糊涂,为什么要为自己的将来贴上过去的标签,为什么要为自己的路增添不必要的隐患？如果过去的种种已经深深地烙在了你的心里,那面对将来新的情况和境遇,你又如何调整步伐呢？经验确实是我们的前车之鉴,但它同时也会遮蔽人的双眼,让人跳进固定思维的怪圈。

人生忠告：

青少年朋友们,过去的成功与失败并不能代表你的将来。将过去清空,让一切归零。从此刻起,你的脑海里没有成功,没有失败,只有从头开始,重新来过。

犯错是人生的一堂必修课

“我想,人不要怕犯错。错误最终令你学到更多的东西。”

1965 年,巴菲特买下柏克夏海瑟威纺织公司。因为来自海外竞争压力过大,他于 20 年后关闭了纺织厂。

1964 年,巴菲特以 1.3 千万美元买下陷入丑闻的美国运通 5% 的股权,后来以 2 千万美元卖出。若他肯坚持到今天,他的美国运通股票价值将高达 20 亿美元。

巴菲特承认他虽然看好零售业的前景,却没有加码投资沃尔玛,这一错误使他公司的股东们平均一年损失 80 亿美元。

巴菲特说,他一生中犯过很多错误,而且将来还会犯更多的错误。不过,每次错误对他来说都是一次难忘的教训。在失败中,他学到了从成功中无法学到的经验和智慧。

当言行被证明是错误时,人的内心是痛苦的。没有人愿意承认自己是

个失败者，也没有人愿意吞下犯错的苦果。可错了就是错了，后悔于事无补。在失败中，你获得了什么？只有啃噬失败滋味的痛苦吗？

一位员工因为一直没升级，对他的老板抱怨道："我已经在这里工作了30年，我比你提拔的那些人多了至少20年的经验。"老板说："不对，你仅有一年的经验，你从自己的错误中，没有吸取到任何教训，你仍然在犯你第一年所犯下的错误。"

一位年轻的助手对爱迪生说："我们浪费了那么多的时间，我们已经试验了2万多次，却仍然没有找到可以做白炽灯丝的物质！"爱迪生回答说："不！我们的工作已有重大进展，至少我们已知道有2万多种不能当白炽灯丝的东西。"

比尔·盖茨说："如果你一事无成，这不是你父母亲的过错，不要将你应当承担的责任转嫁到别人的头上，而要学会从失败中吸取教训。"处在成长的青少年应该明白，失败的意义并不是对自己的否定，而是在其中有所收获。我们可以从错误中学到很多的经验和教训，这可以让你成长，令你避免再次犯错。

纽约某大型公司招聘人才，应聘者云集，其中不乏高学历、多证书且有相关工作经验的人。经过重重筛选，还剩下12名应聘者，最终将留用6名，最后一轮由总裁亲自面试。

奇怪的是，面试考场出现了13个考生。总裁问："谁不是来应聘的？"坐在最后一排的霍尔站起身说："先生，我第一轮就被淘汰了，但我想参加一下面试。"

在场的所有人都笑了，包括门口那名负责倒茶的老人。总裁饶有兴趣地问："你第一关都过不了，来这儿有什么意义呢？"霍尔说："我掌握了很多财富，我本人即是财富。"

大家又一次笑得很开心，觉得此人要么太狂妄，要么就是脑子有毛病。霍尔说："我的学历不高，但我有11年的工作经验，曾在18家公司任过职……"总裁打断他说："你先后跳槽过18家公司，太令人吃惊了，我不欣赏。"

霍尔回答:“先生,我没有跳槽,而是那18家公司先后倒闭了。”在场的人第三次笑了,一个考生说:“你真是个倒霉蛋!”霍尔也笑了:“不,我认为这就是我的财富。我不倒霉,因为我只有30岁。”

这时,站在门口的老人走进来,给总裁倒茶。霍尔继续说:“我很了解那18家公司,我曾与大伙努力挽救它们,虽然不成功,但我从它们的错误与失败中吸取了很多教训。很多人只是追求成功的经验,而我,拥有避免错误与失败的经验!”

霍尔离开座位,边转身离开边说:“我深知,成功的经验大抵相似,但失败的原因却各有不同。与其用11年学习成功的经验,不如用同样的时间研究错误与失败。别人的成功经历很难成为我们的财富,但别人的失败过程却是。”

霍尔就要出门了,忽然又回过头说:“这11年经历的18家公司,培养且锻炼了我对人、对事及对未来的敏锐洞察力。举个小例子吧,真正的考官不是您,而是这位倒茶的老人。”

全场12位应聘者哗然,惊愕地盯着倒茶的老人。那位老人笑了,说:“很好!你第一个被录取了,因为我急于知道,我的表演为何失败了?”

教训既能给遭受挫折者留下避免再次失败的路标,又可以为他人留下前车之鉴。吸取教训,更加理性地分析出现问题的原因,这样我们就可以对客观事物有更深刻的认识。对一个能够正确面对错误的年轻人来说,教训可以催人奋进,激励他不断地拼搏进取,使事业愈发有成。

失败是一笔宝贵的财富,失败的经历越多,你的人生经历就越宝贵。对智者来说,失败是上天给予的恩宠,偏偏许多人辜负了上天的一番好意,只看到其中的痛苦,却不能从中吸取经验。不能从失败中吸取教训的人,迎接他的必将是再一次失败。

当你因为犹豫不决而犯错时,你知道,自己应该从此变得果断;当你因为懒惰而误事时,你知道,自己应该从此变得勤劳;当你因为无知而失败时,你知道,生命要不断地学习。不跌倒,我们就学不会走路,犯了错,你才能明白,如何才能避免错误。

人生忠告:

宝剑锋从磨砺出,梅花香自苦寒来。从失败中获益,从勤奋中崛起,这才是有志青年的成才道路。不要惧怕犯错,因为经历可以让你成长,变得坚强。将你在错误中吸取的教训应用在以后的行动中,你就是一个成熟、睿智且出类拔萃的人。

目标信念，框定你的价值观

荣辱道德与是非对错，一切都决定于一个人的价值观。当你的价值观符合社会标准时，你就会得到他人的认可，获得心灵上的安慰；但如果你的价值观背离了社会准则，你就会成为千夫所指。将你的价值观框定在正确的范围内，你就能轻车上路，在一片支持声中，越走越远，越飞越高。

做个有雄心的能人

“我始终知道我会富有。对此我不曾有过一丝一毫的怀疑。”

不想做将军的士兵不是好士兵，想要成功，雄心是必备的素质。巴菲特对财富的雄心，在很小的时候就显露出来了，而且这种雄心甚至强烈到可以战胜死亡。

巴菲特7岁时，发了一场奇怪的高烧，身体十分虚弱，几乎生命垂危。可是，当巴菲特一个人时，他会拿笔在纸上写很多数字。护士问他这些数字代表什么意思，巴菲特说这些数字代表着他未来的财富。他还很郑重其事地告诉护士，虽然他现在没什么钱，但总有一天他会成为大富翁，而且还会成为报纸追踪的焦点人物。

从成为大富翁的梦想中，巴菲特找到了生活的希望，战胜了病魔，逐渐恢复了健康。在成为大富翁的雄心驱使下，巴菲特成为世界第一大富豪，他拥有的财富，比他当初在纸上写的要多得多。

一个人的雄心有多大，他的世界就有多大。如果你甘心守着三亩薄田，那你一辈子只能是庸庸碌碌的农民；如果你甘愿一辈子为人打工，那你注定今生与老板无缘。雄心像一把火，点燃了生命炽热的火苗，照亮头顶的整片天空。真正的穷人，并不是生活的一贫如洗的人，而是没有雄心，不敢挑战命运的人。

巴拉昂是法国的一位传奇人物，他以推销装饰肖像画起家，在不到10年的时间里，迅速跻身于法国50大富翁之列。

1998年，巴拉昂因前列腺癌去世，临终前，他留下遗嘱。“我曾是一个穷人，去世时却是以一个富人的身份走进天堂的。在跨入天堂的门槛之前，我不想把我成为富人的秘诀带走，现在秘诀就锁在法兰西中央银行的一个私

人保险箱内，保险箱的3把钥匙在我的律师和两位代理人手中。谁若能正确回答“穷人最缺少的是什么”，他将能得到我的祝贺。当然，那时我已无法从墓穴中伸出双手为他的睿智而欢呼，但是他可以从那只保险箱里荣幸地拿走100万法郎，那就是我给予他的掌声。”

消息传出去之后，许多人都寄来了自己的答案。有人说，穷人最缺少的是金钱；有人说，穷人最缺少的是机会；还有人说，穷人最缺少的是技能……对于贫穷之谜的答案，人们众说纷纭。

在巴拉昂逝世周年纪念日时，巴拉昂的律师和代理人按照他生前的交代，在公证部门的监视下打开了那只保险箱，在48561封来信中，只有一位叫蒂勒的小姑娘猜对了巴拉昂的秘诀。蒂勒和巴拉昂都认为穷人最缺少的是野心，即成为富人的野心。

在颁奖时，记者问年仅9岁的蒂勒，为什么想到是野心，而不是其他的。蒂勒说：“我想野心可以让人得到自己想得到的东西。”

人可以没有金钱，没有地位，但不能没有雄心。国王有了雄心，会勤政爱国，广纳贤才，使他的臣民安居乐业，永享太平；穷人有了雄心，就会不断拼搏，拼命进取，凭借坚持不懈地努力改变自己和家庭的命运；员工有了雄心，就会对工作尽职尽责，对同事团结友爱，为公司赢得更多的利润。每个人都有自己成功的目标，在通往成功的路上，雄心会带给你无穷的精神动力，让你更早到达成功的彼岸。

当别人以火箭般的速度快速前进时，一个没有雄心的人却蜗牛似的一点点往前爬，被他人远远地甩在身后。人的潜力是无限的，世界上没有做不到的事，只有做不到的人。倘若雄心不够，做事必然不会尽心，遇事也会得过且过，没有挑战的勇气，没有承受压力的心理素质。

梵妮最初在《华尔街日报》波士顿分社就职，有一天，公司派遣她去纽约就任分的社长。这是个绝佳机会，她可以因此承担更多的责任，完成更多的工作。可是，梵妮却显得有些犹豫不决。当时，报社从来没有过女性分社长，这对梵妮而言无疑是一个极大的挑战。而且，梵妮的丈夫在波士顿做律师,有可观的收入,她对自己现在的工作也比较满意,从没想过要在事业上取得更大的成就。经过再三考虑,梵妮拒绝了公司的派遣。

后来,她如此写道:“我太害怕冒险了,我太害怕失败了,过分担心婚姻生活会出现问题,因此我不是很有野心的人。”

梵妮做出决定之后,公司觉得她是那种给了机会却不敢接受挑战的人,而且畏惧变化,这使梵妮的事业前景受到了严重的打击。公司对梵妮失去了兴趣和关注,梵妮再也没有得到任何升职或加薪的机会。

雄心是成功的阶梯,没有雄心,你将永远不能爬上成功的巅峰。一个没有雄心的人,当机遇来敲门时,他会避开,等命运因不能尝试而变得更加凄惨时,他又开始后悔没有抓住机遇,让自己与成功失之交臂。成功或失败,都是自己的选择。如果你失败了,不要怨天尤人,怪只怪,你雄心不足。

人生忠告:

思想是行动的开始,如果年轻人的眼光只停留在井口那片小小的天空,那他永远都只能生活在社会的最底层,一代一代延续生命的平庸和不幸。倘若年轻人的心和大海一样宽广,那他就能将整个世界囊入胸中。收获和雄心是成正比的,想要打造不一样的人生,先从培养你的雄心开始。

朝着你的目标前进吧

“投资对于我来说,既是一种运动,也是一种娱乐。我喜欢通过寻找好的猎物来捕获稀有的快速移动的大象。”

当巴菲特从哥伦比亚大学毕业时,有人告诉他,如果他进入 IT 业,将会成为另一个比尔·盖茨。可是巴菲特很清楚,自己不可能在自己不感兴趣的行业有所作为,他清楚地知道,自己的兴趣和目标是投资。

为了实现自己的目标,巴菲特曾要求为投资大师格雷厄姆教授免费工

作，但格雷厄姆教授却对巴菲特说：“你高估了自己的才能。”尽管如此，巴菲特仍投身商界，直到1954年，他的能力得到了格雷厄姆的肯定，并如愿成为了他的员工。

当巴菲特从格雷厄姆那里领到第一份薪水时，他根本就不知道具体金额是多少。他只知道，为格雷厄姆工作可以使自己尽快达到目标。他每天早晨从床上一跃而起，对新的工作充满了期待，等晚上回家时，又积累了新的工作经验。

巴菲特的成功，与他明确的人生目标有很大关系，他走的每一步都是有目的的，都是朝着自己的目标迈进的。

卡耐基曾对世界上一万个不同种族、年龄与性别的人，进行过一次关于人生目标的调查。他发现，只有3%的人能够明确目标，并知道怎样将目标落实；而另外97%的人，要么根本没有目标，要么目标不明确，要么不知道怎样去实现目标……10年之后，他再对上述对象进行调查，结果令他吃惊：调查样本总量的5%找不到了，95%的人还在；属于原来97%范围内的人，除了年龄增长10岁以外，在生活、工作和个人成就上几乎没有太大的起色，还是那么普通与平庸；而原来与众不同的3%，却在各自的领域里都获得了相当的成功，他们10年前提出的目标，都不同程度地得以实现，并正在按原定的人生目标走下去。

亚里士多德说：“人是一种追寻目标的动物。”有目标的人做的每件事，说的每句话，都与自己的目标有关系，他们会为了目标的实现提前做准备，及早储蓄能量，等到合适的时候，一发冲天，一鸣惊人。没有目标的人每天都浑浑噩噩地过日子，今天不想明天的事，得过且过，甚至不舍得花费一丝一毫的精力思考一下自己前进的方向。

罗曼·罗兰曾说过：“人生最可怕的敌人，就是没有明确的目标。”目标是一种动力，是一种方向，给自己一个目标，一个可以激励自己奋斗，鞭策自己努力的目标，这样，即使在黑暗当中，你依旧知道自己该走向何方；即使跌倒在了路上，你也有爬起来的勇气；即使身处绝境，你也能看到前进的希望。

有 6 只毛毛虫,它们最大的愿望就是吃到树上香甜的苹果。

第一只,总是跟在别的毛毛虫屁股后面乱转,以为这样就能吃到大苹果了,却不知道,前面的毛毛虫也是跟在其他毛毛虫的屁股后面,前面的毛毛虫依旧如此。就这样,这些毛毛虫围成了一个圆圈,谁都没有吃上苹果。

第二只,也是跟在别的毛毛虫后面,不同的是,这只毛毛虫比较幸运,它在路上捡到了一个烂苹果。

第三只,它看准了一棵长有红苹果的苹果树往上爬,好不容易爬上去了,苹果却自己长熟落地了。于是它又向下爬,爬到地上吃烂掉的苹果。

第四只,它也是找了一棵有苹果的苹果树爬。爬到了一个苹果的旁边,忽然看到了上面还有一个比它还红的苹果,于是它又向上爬。可是当它爬到这个苹果旁边,又发现了更好的苹果。如此,一直爬到了顶尖,苹果却坠地了。

第五只,它生下来身边就有无数的大苹果等着它吃,一辈子就这么过去了。

第六只,它在苹果还没有成熟时就向苹果树爬,在苹果成熟时,就吃到了最大最香的苹果。

每只毛毛虫,都代表着一种人生。有些年轻人有目标,却没有实现目标的明确计划,美好的愿望,最终化成了不切实际的空想;有些年轻人有明确的目标,可在中途经不住诱惑,忘记了自己最初的方向;有些年轻人计划与现实有失偏颇,依旧不能如愿;有些人总是一山望着一山高,到头来一无所获;有些年轻人从小含着金汤匙出生,从不曾想过人生需要目标;真正的辉煌,属于那些对人生有着明确的目标,又知道怎样一步步走向成功的人。

公元前 212 年,古罗马军队突破城防,打进了叙拉古。75 岁的阿基米德仍在潜心研究数学,证明他的几何题。罗马士兵声嘶力竭的吆喝声惊动了他。“喂,你们踩坏了我的图,赶快走开!”阿基米德发怒道。凶神恶煞的士兵毫不理会,把剑指向了他的头颅。阿基米德明白了将要发生的事情,坦然自若地说:“等一下再杀我的头,让我把这条几何定理论证完。”

目标的实现需要一种持之以恒的心态，无论发生什么事，无论环境怎么转变，我们都不能任意地改变最初的目标。只要你认为是对的，就要不遗余力地去坚守，决不能迷失在中途的迷雾森林里。当你抱着这种坚定不移的信念时，任何事都显得微不足道。

人生忠告：

人生就像由许多个公交车停靠站组成的公交线路，目标就像公交车的停靠站，年轻人只有清楚自己即将停靠的地方，才知道自己该在哪里下车。此外，你不但要知道自己想到哪站，还要知道要坐哪路车。只有坐对了，你才会坐的气定神闲、心里踏实，因为你知道终点站就在前面不远的地方。

要负起自己对社会的责任

“只要抱着这个美好的愿望，我们的世界就会‘学有所教，劳有所得，病有所医，老有所养，住有所居’”。

2008年，全球经济危机爆发，美国股市首当其冲。面对金融动荡和股市震荡，经济金融不确定性加剧，投机者纷纷从华尔街抽身遁去，以求自保。但是，巴菲特却“明知山有虎，偏向虎山行”。公开表示要承担美国救市总额的1%，即70亿美元。这种对美国经济金融“雪中送炭”的行为，让我们看到了一位有社会责任感的商人，在国难当头时表现出来的气魄和宽广胸襟。

社会责任感不是简单的道德，而是一种指向人心的情感，它使我们的生活变得崇高而富有意义。在它的背后，是一种正确的价值观，这种价值观告诉我们什么是对，什么是错，什么是真，什么是假。指导我们正确且坚定地走好人生的每一步。

爱因斯坦说：“一个人的价值应该看他贡献了什么，而不是看他取得了什么。”如果在你的观念里，只有索取没有给予，那你绝对是一个损人利己，不知道社会责任感为何物的人。这种背弃社会的人,总有一天社会也会背弃他,让他尝到众叛亲离及失去一切的滋味。

乔伊从小就在孤儿院中长大,和所有人想象的孤儿不同,他从小就与孤儿院的伙伴相亲相爱,受到孤儿院工作人员的百般照顾,还得到社会好心人的资助,并顺利完成了学业。他知道,因为他人的照顾和关心,他才能够如此快乐地成长,所以他暗暗发誓,等自己将来出人头地后,一定会竭尽全力回报社会。

大学毕业后,乔伊选择了经商,踏入了房地产行业。开始时,他整日为生计发愁,吃了上顿不知下顿在哪。慢慢地,他的事业步入了正轨,成为人们所标榜的成功人士。

成功后,乔伊并没有忘记从前在孤儿院的日子,也没有忘记那些对自己好的人,他每年都会给孤儿院提供大笔的捐款、食物和衣物等,还会定期去看望那里的孩子。此外,他也不理会行业中的潜规则,一直秉承着诚实守信和奉公守己的原则。

乔伊曾经与医院签订过器官捐赠协议,表示如果有病人需要,他愿意将身体的重要器官捐赠出去。社会上很多名人都会和医院鉴定这样的协议,可一般只是做做样子而已,因为病人和他们的器官匹配的几率很低。可是,当乔伊正在为自己蒸蒸日上的生意感到高兴时,医院打来电话说,他的肾与一个得了肾癌的小男孩相匹配,希望能挽救这个小男孩的生命。

消息传出后,乔伊的对手们都在等着看乔伊的笑话,他们不相信乔伊真的会把自己宝贵的肾捐给一个素昧平生的小男孩,想在乔伊拒绝的那一刻撕开他假慈善的面具。可是令他们没有想到的是,乔伊很爽快地答应将自己的肾捐给这个小男孩,并很快确定了手术的日期。

手术前,各大报纸的人都来采访这位传说中的企业家。进入手术室之前,乔伊平静地对记者说:"我之所以有现在的成就,是这个社会赋予的。现在,我只是将我拥有的回馈社会而已。"

在我们看来,乔伊的所作所为真的非常的了不起。可实际上,他所做的

一切是每个有社会责任感的人都会做的事情。一个有社会责任感的人，不会看着别人忍饥挨饿而不闻不问；一个有社会责任感的人，即使牺牲健康，也会尽自己的努力去救一个生命垂危的陌生人；一个有社会责任感的人，他心系的不是自己，而是周围所有认识和不认识的人。

怎样才算是一个有社会责任感的人呢？做一个有社会责任感的要懂得感激，常怀感激之心，培养感激之情，感激父母、老师、同学、学校、社会、美好的生活；做一个有社会责任感的人要自觉学习，去除懒散浮躁之心，无须要求，无须监督，就可以积极主动地勤奋学习；做一个有社会责任感的人要善待他人，要做到真诚待人，乐于助人，决不做损人利己的事情。

许多年轻人都错误地认为，社会责任感就是自己对社会贡献的大小，和自己本身的价值并没有多大的关系。真的是这样吗？“一屋不扫，何以扫天下？”你对自己都不负责任，对他人又能有多大的贡献呢？对社会负责的最好方式，不是心怀天下，而是令自己变大变强，使自己更有能力帮助和关心周围的人。所以，如果你是一个学生，那你最大的责任就是好好学习，掌握过硬的专业技能；如果你是一位丈夫，那你最大的责任就是成为一个顶天立地的男子汉，成为妻子儿女最安心的保护伞……如果每个人都能尽到自己的责任，那就是对社会最大的贡献。

那些一心一意为他人着想，以社会责任为己任的人，总有一天，社会也会加倍回报你的付出。到时候，你正直、善良和责任感的高贵品质会广为流传，亲人会认为你值得依靠，爱人会觉得你值得托付，合作伙伴会认为你值得信任……

人生忠告：

作为一个有责任、有担当且有志向的祖国栋梁，年轻人要有一种“国家有难，匹夫有责”的胸怀，要有“先天下之忧而忧，后天下之乐而乐”的志向。只要抱着这个美好的愿望，我们的世界就会“学有所教，劳有所得，病有所医，老有所养，住有所居”，处处都有爱，处处都有希望，处处都有美好幸福的明天。

预言只是预言，不会成为现实

“对于未来一年后的股市走势、利率及经济动态，我不做任何预测，过去不会，现在不会，将来也不会。”

很多股民天天预测股价走势，既费心又费力，结果不但赚不到钱，反而亏得一塌糊涂。原因很简单，做根本无法成功的事，最终只有死路一条。做了一辈子的投资，巴菲特根本不相信任何人能够预测股市，也从没买过可以预测股票的软件。

对于市场上充斥的各行各业的预测，巴菲特曾经感慨地告诉自己的员工，任何商业预测都是假的。如果这些预测真能实现的话，他们根本就不会告诉任何人，而是自己投资。

人生的成就和辉煌靠的是脚踏实地，一步一个脚印向前走，而不是靠一些预测师或专家对未来的推测。这些所谓的预测其实就是一些人对事件的个人看法，就像我们对某件事也有自己的理解和判断一样，根本就不是什么点石成金的至理名言。如果有谁傻到相信那些所谓的预测，那就是拿自己的人生做赌注，而这场豪赌的结局，很有可能让你输的倾家荡产。

如果世事真的可以被预测，这个世界会成为什么样子？农民不种地了，厨师不做饭了，建筑工人不盖楼了，警察也不抓坏人了。所有的人都依照预测投资股票，轻轻松松成为百万富翁、千万富翁，甚至亿万富翁。人和人之间再也没有贫富的差距，也没有三六九等之分，这个世界不再有文明和进步可言。

曾经有一个无所事事，只知道每天吃喝玩乐的无赖，仗着家里有权有势，整日欺负乡邻，横行一方。一天，他正在街上乱逛时，看到一个算命的在摆摊，一时心血来潮，就走过去让算命先生为他算一卦。

算命先生知道此人是个无赖，倘若说一些不中听的话，他肯定会砸烂自己的摊子，于是煞有介事地说："从你的面相看，只要您去赶考，就定能金榜题名。"无赖听了这话十分高兴，回家之后立刻告别妻子，带着几个随从准备赶考。

这个无赖从小就不好好读书，连自己的名字都不会写，所以在考场上，他根本就没有答题，而是在一旁呼呼大睡，好像考试和他一点关系都没有。

考试结果出来了，无赖理所当然不在名单之内，但他十分生气，跑到皇帝面前指责皇帝不顺应天命，要皇帝封自己做大官。皇帝见无赖如此嚣张，命侍卫将他拉了出去处死。

行刑之前，无赖还大声疾呼："算命先生说我是文曲星下凡，今天杀了我，你们一定会遭报应的……"无赖的话还没说完，他的头已经落在了地上。

人生是不能预测的，如果可以预测的话，那所有人干脆向上天妥协，直接接受自己的命运好了，何必要苦苦拼搏，非要凭自己的本事闯出一番天地呢？相信预测，其实是懒人的做法，这种人懒得做调查，懒得思考，懒得做很多事，所以他们宁可依靠别人，选择相信别人的预测是正确的；相信预测，其实是一种不切实际的表现，这种人总是想不费吹灰之力就一飞冲天，从来都不肯脚踏实地的做事。如果一个人过分相信预测，我们可以从中看到他的一些品性，进而判断这个人是不是真的是我们所期望的那个人。

有些年轻人说，市面上有些预测真的出奇的准，有些人能预测福利彩票双色球号码，玛雅人能预测到人类的灭亡……可实际上，任何事都有内部的客观规律，只要掌握了这种客观规律，就能分析事件发展的方向；还有些事神奇的令人匪夷所思，可究其原因，不过是时间、地点及人物的巧合。

如果未来的事真的可以被预测，那汶川地震之前，为什么没有人站出来预警；2008—2009 经济危机时，为什么没有人提醒大家要预防？历史一次又一次地向我们证明，未来的事是无法预测的。为什么还是有人执迷不悟，非要相信一些有心或无心的胡言乱语呢？

人生忠告：

睁大你的双眼，看看这个世界并没有你想象的那么简单。你在预测面前的幼稚，说明了你的无知；你在预测面前轻易被说服，证明了你的迷信。作为新世纪的年轻人不应当相信预测，也不应当相信命运早已经被注定了。我们只相信，事在人为，只要有足够的勇气和毅力，历史可以被改写，麻雀也可以飞上枝头变凤凰。

决不食言，不然就别承诺

“不能做到的事，不要轻易许诺，违背诺言的结果，就是失去了你原本拥有的信任和理解。”

我们想象中巴菲特一定是个行动雷厉风行的人。但与我们想象的完全不同，巴菲特在他的同学眼中，竟是一个说话吞吞吐吐且犹犹豫豫的人。他的朋友唐·丹利的女朋友说，“他仔细谨慎地遣词用句，从来不许下任何承诺。如果他认为有一天他会食言，无论多小的事都不会给出承诺。”

君子一诺千金，说出去的话等于泼出去的水，再也无法收回。可世界上偏偏有一些人，视承诺为粪土，这一刻说过的话，下一刻就抛九霄云外。承诺代表一个人的品格，只有遵守承诺的人才是值得信任和依靠的，那些言而无信者，别人敢相信或依靠吗？相信一个没有信誉的人，就是拿自己的利益在赌博，而赌博的结果，往往是非输不可。

父母不遵守对儿女的承诺，无疑为孩子做了最坏的示范，也失去了让子女信服敬佩的理由；老板不遵守对员工的承诺，员工的忠心就会动摇，暗暗琢磨是否该另谋高就；朋友不遵守对知己的承诺，隔阂就会在两颗原本紧紧相连的心之间暗暗滋长，渐渐由无话不说变为无话可说……不能做到的事就不要轻易许下承诺，违背诺言的结果，就是失去了原本拥有的信任和理解。

一个天使来到人间，为了摆脱无聊，他对一个女孩说："我可以实现你一个愿望，权利、金钱、美貌、爱情…… 只要是你想要的，我一定会为你实现。"

女孩想得很认真，天使有些害怕，担心她提出自己不能实现的愿望。可女孩最后却说："我想每天睡前都能听到你对我说晚安！"

天使惊讶于如此简单的愿望，便轻松地答应了。女孩十分高兴，满心期待着愿望一天一天实现。

第一天晚上，天使利用法术出现在女孩的房间里，和女孩讲了很多关于天堂的故事，最后微笑着对她说晚安，女孩脸上挂着微笑，满足地睡去。

第二天晚上，在QQ上，天使对女孩说："晚安！"还画了一个图片，说这是给她的晚安吻。

第三天晚上，网关断了，天使打个电话给女孩，对她说晚安，并在电话的另一端亲她的额头，祝她好梦。

第四天晚上……

第五天晚上……

不知是从何时开始，天使的晚安开始时有时无，直至最后完全消失了。从此，女孩每晚都在失落中入睡。梦里，她站在远远的地方，看着天使忙碌地做其他事情，心里暗暗祈祷等他有空了，会想起她曾经对自己的承诺，把亏欠的晚安都补偿给自己。可一天天过去了，天使始终没有记起自己对女孩的承诺，他永远地消失在女孩的世界里。

很久之后，天堂放假的日子到了，一大群天使来到人间，他们问女孩，我们可以每人帮你实现一个愿望，权利、金钱、美貌、爱情……

女孩却没有说出自己的愿望，只是看着天使，泪眼婆娑地说："再也不相信天使了，因为你们连对我说晚安这样最简单的愿望都满足不了。"

在一些自以为是的人眼中，自己无所不能，可以将世界上所有的不可能化为可能。所以，他的承诺就像天上的星星一样多，多得连自己都数不清了。可是他渐渐忘记的，别人却牢牢记在心里，并等待着诺言兑现的那一天。当希望变成失望,失望变成绝望时,对方对你就再也没有任何幻想了。

放羊的小孩第一次喊“狼来了”的时候,农夫们信了;第二次喊“狼来了”的时候,农夫们又信了;第三次狼真的来时,农夫们已经认定他是在撒谎。当你的承诺一而再,再而三地化为泡影时,别人还能将希望寄托在你身上吗?他们还能相信你吗?失去了别人的信任,你还能在这个“朋友多了路好走”的世界里走得长久吗?

世界上有很多人和事,都在我们的控制范围之外,即使有心,但也无能为力。当看到别人满怀期望地向我们拜托某件事时,我们不忍拒绝,可答应了不可能完成的事,你最后要如何自圆其说呢?或许你能为自己的失信找到一个无可挑剔的借口,可再完美的理由,也改变不了你失信于人的事实。很多事,你不答应,别人不会怪你;可答应了却不做,人家就会重新为你打分了。

你做不到的事情,不代表别人也做不到;你这条路走不通,人家也许还有另一条康庄大道可以奔跑。但得到你的承诺之后,人家会放弃别的机会,将全部希望都寄托在你身上,等到你的承诺破碎时,人家就犹如被判了死刑,再也没有时间去寻求其他的帮忙了。到时候,伤口会更深,疼痛会更加难忍,别人的损失会比你想象的要多很多。

人生忠告:

不要轻易对别人许诺,这样不仅是对别人负责,而且也是对自己负责;不轻易许诺,不在乎事情大小与否,也不在乎事情轻重缓急。不轻易许诺,你说过的话就是板上钉钉的事实,谁也不会怀疑。承诺就像一面专属于你的印章,看到它,就看到了你。一个信守承诺的人,即使是芝麻绿豆的小事,即使是做不到也没有关系的琐事,也绝不会轻易答应。可一旦答应了,就算再多困难,也绝不会改变他履行诺言的决心。

保护自己，才能做好其他事情

“我们不必屠杀飞龙，只需躲避它们就可以做得很好。”

是什么让巴菲特总是远离风险呢？那就是对安全边际的理解。巴菲特在19岁时就从格雷厄姆那里学到了这一秘诀。格雷厄姆认为，“我把投资成功及永不亏损的秘密精练成4个字的座右铭——安全边际。”

在巴菲特看来，赚钱的秘诀并不在于冒险而在于避险。他投资的行业，都是一些垄断或与人们日常生活密不可分的行业。投资这些公司，巴菲特不会一夜之间赚取很多，但也很难亏空。

巴菲特投资有两条最重要的原则：第一条，千万不要亏损；第二条，千万不要忘记第一条原则。

做任何投资都是有风险的，而且往往回报越丰厚，风险性越大。有些人喜欢豪赌一场的感觉，要么赢得大满贯，要么满盘皆输。这样的人生是危险的，因为你不知道自己下一秒的命运将会如何，每天战战兢兢，如履薄冰地生活。

有些人认为，富贵险中求，任何事都是有风险的，如果连冒险的勇气都没有，那永远都不可能有所作为。的确，人生就是一个不断冒险的过程，冒险可以为生活带来刺激，为生命增添一些美丽的点缀。但是冒险也是有底线的，不是无止境地拿自己的人生当筹码。

一位心理学家选择5个人进行心理测试。心理学家说：“我带你们穿过一间黑屋子，大家要跟着我走，后面的人搭着前面人的肩膀一起走。”

大家都走过去了，觉得很平坦。心理学家走到另一端，打开一盏灯，大家一看，都吓了一跳。原来他们刚刚走过的是一座独木桥，独木桥下是一个很大的鳄鱼池，十几只鳄鱼大张着嘴游来游去。

心理学家说:“刚才什么都看不见,你们都勇敢地跟我走过来了。现在开了灯,你们再勇敢地跟我走回去吧!”大家都吓得站不起来了,谁也不敢走。心理学家连哄带骂,最终才有一个人抱着桥板,哆哆嗦嗦地爬回去了,其他人说什么也不走。

这时,心理学家又开了一盏更亮的灯,大家这才看清,原来在独木桥和鳄鱼之间,还有一层浅色的安全防护网。心理学家说,看见安全防护网了,现在你们可以走回去了吧。有两个人站起来,小心翼翼走过去了。

但是最后两个人,说什么也不肯走。他们不停地问:“心理学家,这个安全防护网结不结实啊?”心理学家抱起一块大石头,往下一扔,安全防护网一点没事,很结实。这两个人才放心,小心翼翼地走了回去。

人的本性总是害怕失去,害怕财产受到损失,害怕生命受到威胁。这种害怕其实是一种自我保护手段,任何人都无可厚非。不要觉得坚持自己的安全边际是懦弱的行为,这其实是一种谨慎的表现,因为每个人都有自己无论如何都不能失去的东西。

每个人的承受能力都不尽相同,安全界限也有区别,人可以冒险,但决不能超出安全界限的范围,超出安全界限的冒险,很可能会付出生命的代价。每个人做事,都应该做到心中有数,知道自己可以承受的安全界限是多少。一旦态发展超出了自己的安全底线,就要快速刹车,不可抱着侥幸心理继续下去。

马丁是当地有名的富翁,他的业务涉及房地产和电子产品等多个领域。今年,马丁做了一个重大决定,那就是进军保健品市场。他将公司的大部分资金用在产品宣传方面,还建起了专门的生产基地。

一直在商场上所向披靡的马丁,这次却失策了。他看好的产品并没有如他所愿在市场上刮起一股旋风,相反,他本人还因为资金短缺,而陷入了严重的债务危机。一时间,马丁的失败成了当地讨论的话题,很多人都断言马丁这次完了,有人甚至还打算趁机低价收购马丁现在所住的豪宅和名牌跑车。

可是，所有想在马丁身上做文章的人都失望而归了，他们没有想到，马丁虽然失利了，但并没有严重到他们预期的那样。他的剩余财产，足以维持一家人原本安逸的生活。

后来，有人疑惑地问马丁："你不是将全部财产都投在那次生意上了吗，怎么最后还留了一手呢？"

马丁笑着回答说："我还有亲爱的家人，做事怎么能无所顾忌呢？保证家人的生活品质是我的底线，我绝对不可能超出这个限度。"

那些不顾自己的安全底线盲目行事的年轻人，其实都是不负责任的人。每个人生活在这个世界上，都不是独立的个体，都是与周围的人普遍联系着的。你的喜怒哀乐与荣辱得失，直接关系着一些人的心情和生活质量。试想，如果你背负了巨额的债务，那你的父母能不担心吗？你还能为妻子和孩子提供安逸舒适的生活环境吗？

年轻人做事要留有余地，要尽量留有充分的余地，即使最后输了，生活也能继续过下去，也还有重新来过的机会。但如果你将全部财产，甚至身家性命都投了进去，待满盘皆输时，就再也没有翻身的机会了。

人生忠告：

汽车在高速公路上行驶，超出了安全边际，就有可能发生车祸；人和人交往，超过了安全边际，就有可能引发一系列不必要的矛盾。青少年们的安全边际是多少呢？确定你的安全距离并严格遵守，这样，事情再怎样发展，也控制在一个范围之内，不至于超出你的承受范围。保持安全边际，保护你自己，也保护爱你的和你爱的人。

结果才是检验的标准

"不论意图如何高尚，只有结果才是检验的标准。"

作为伯克希尔·哈撒韦公司的董事长，巴菲特每时每刻都在想着如何为公司盈利，并不断反思公司的留存收益是否合理，而他判断其是否合理的标准是每1美元留存收益，至少要为股东创造1美元的市场价值。

有人认为巴菲特对自己过于苛刻了，投资哪有100%成功的呢？任何事，只要尽力了，就算最后失败了，也不该过多责备自己。可是巴菲特并不这样认为，在他看来，不管自己的初衷如何高尚，错了就是错了，结果才是说服人心的重要筹码。

你原本想主持公道，原本想帮助他人，原本想……许多许多的"原本"，最终却成了别人痛苦的根源。一些人因为知识、阅历和能力有限，做出了错误的判断，进而好心办坏事。这样的错误值得原谅吗？即使别人原谅了你，但你能原谅自己吗？错了就是错了，没有理由，也没有借口。

或许，这种观点是冷漠的，是缺乏人情味的，但它却可以激发一个人最大的潜能。失败了也罢，做错了也罢，再妙的借口对于事情本身也没有丝毫用处。所以人不能轻易犯错，因为犯错的代价往往是你承担不起的，而且事情不止会牵扯到自己，还会伤害到许许多多无辜的人。

某地有一座寺院，神台供着一尊菩萨像，因为有求必应，所以前来这里祈祷与膜拜的人特别多。

一天，寺院来了一个人，对菩萨像说："我真羡慕你啊，每天轻轻松松，不发一言，就有这么多人送来礼物。我可不可以在你的位置上待几天啊？"

意外地，他听到一个声音说："好啊！我把你变到神台上。但是不论你看到什么、听到什么，都不可以说一句话。"在这个人看来，这实在是一个再简单不过的要求，于是他就被当作菩萨供在寺院里。

来往的人潮络绎不绝，他们的祈求有合理的，也有不合理的。各种祈求千奇百怪，但无论如何，他都强忍着没说话，因为他必须信守先前的承诺。

有一天，一位富商前来祈祷，走的时候不小心把钱袋丢在了寺庙里，他真想叫这位富商回来，但最终还是憋住了没有说。接着来了一位三餐不继的穷人，他祈祷观音菩萨能帮助它渡过难关。当要离去时，发现之前那位富商留下的袋子，打开袋子，里面全是钱。

穷人高兴的不得了，认为这是菩萨显灵，万分感谢之后离开了。神台上伪装观音菩萨的人看在眼里，想告诉他，这不是你的。但是约在先，他仍然憋着没有讲。

接着，有位要出海远行的年轻人走了进来，他祈求观音菩萨降福平安。正当要离去时，富商冲进来，抓住年轻人的衣襟，要年轻人还钱，俩人吵了起来。

神台上的人终于忍不住了，他开口说话了。把事情讲清楚之后，富商便去找拾到钱袋的穷人；而年轻人则匆匆离去，生怕搭不上船。

这时真正的菩萨出现了，她指着神台上的人说："你下来吧，你没有资格待在那里了。"

那人疑惑地说："我把真相说出来，主持公道，难道不对吗？"

观音菩萨说："你错了。那位富商并不缺钱，他那袋钱不过用来享乐的，可是对于那个穷人来说，却可以照顾一家大小生计。最可怜的是那位年轻人，如果富商一直纠缠他，延误了出海的时间，他还能保住一条命，而现在，他搭乘的那条船正沉入海底。"

神坛上的人本来想主持公道，可事实并不如他料想的那样，穷人因此而食不裹腹，年轻人因此命丧黄泉。如此惨痛的代价，难道会因为他"主持公道"的善意而有所改变吗？很多时候，我们看事情不能只看表面，在一些表象的背后，其实有一些始料未及的戏码正在上演。被表象迷惑，然后做出不可原谅的事情，这其实是一种无知。

墙角的花不思进取，凋零落寞，以生于墙角为借口，结束了被人忽视的一生；笼中的鸟自甘堕落，安于享乐，它以困于笼中为借口，度过了不再展翅的一生；树下的草枯黄萧条，柔弱无力，它以长在树下为借口，造就了衰败枯萎的一生。一些人做错事后，总是找借口说："真没想到事情会这样，这并不是我的本意。"的确，这不是你的本意，但不能否认，正是由于你的善心，别人不仅没有得到任何帮助，反而因此陷入了更尴尬的境地。可是一句"没想到”,就能成为推卸责任的理由吗？难道一句“没想到”,就能弥补对他人造成的伤害吗?

错了就是错了,没有任何借口,为失误寻找借口,其实就是一种不负责任的表现。年轻人做某件事的时候,就该考虑这件事情可能造成的后果,如果这个结果你无法承担,就不该有任何行动。有本事的人从来不打没把握的仗,如果你真有帮助他人的强烈愿望,就该好好努力提升自己,让自己成为“战场”上永远的赢家。

人生忠告:

因为不敢犯错,所以你必须小心谨慎,步步为营,决不能有一丁点儿的差错;因为不敢犯错,所以年轻人必须足够聪明,足够智慧,绝不可被人卖了,还对人家感恩戴德;因为不敢犯错,所以你必须要成为某方面的行家,比他人更了解其中之道。在人生这条只有对与错的选择题上,结果才是检验真理的唯一标准,以这样一种态度要求自己,那你一定能成为人们万分敬仰的专家。

把握机会，每一步都走得扎扎实实

青少年朋友成长的路很长，成功的路更长。可有些人走起来顺风顺水，有些人走起来却充满艰难险阻。是路不同，还是人存在差异？要想成功，就要具备一个成功者应该具备的品质，只有具备了这些品质，再大的风也会停止，再多的乌云也会散去，再坎坷的路也能安然走过。当所有的困难都显得微不足道时，成功就已在你的前方。

你做好成功的准备了吗

“我曾经做过调查，凡是在投资中经不起风浪的人，他们在投资之前的准备工作都很差，常常是没有任何准备，凭着感觉投资。当然，这样的投资完全是拿自己的资本开玩笑。”

投资这样的事情，应该是大人才做的事，我们很难想象，从8岁开始，巴菲特就开始阅读父亲放在家中关于投资的书籍了，甚至还制作表格追踪股价的涨跌。11岁时，他开始买进小额股票，并仔细观察股市动向。

巴菲特确实是数字方面的天才，可他现在取得的成就，并不是仅仅靠天资就能做到的，这与他从小对股票知识及经验的积累有密不可分的联系。当他真正投身股市时，那些多年来积累的知识和经验就发挥出巨大的作用，帮助他一步步走向成功。

渥沦·哈特葛伦博士是博学多才的人，退休之前他曾是一所大教堂的牧师。他曾经问过一位年轻人是否听说过南非树蛙，年轻人坦率地回答："不知道。"博士诚恳地说："如果你想知道，你可以每天花5分钟的时间阅读相关资料，这样5年内你就会成为最懂南非树蛙的人，你会成为这一领域中最具权威的人。"

成功不是人生的巧合，而是点点滴滴现实的积累。或许你现在对某个自己感兴趣的领域还不甚了解，或许你在某方面的知识还无知的近乎可笑，但每个人都会经历一个从不懂到懂，从陌生到熟悉的过程。只要踏踏实实朝着既定的方向一步步行走，早晚有一天，你也会感受到"长江后浪推前浪"的快感。

很多人都想做富翁，但是并不具备成为富翁的素质；很多人都想当医生，但并不具备医生的专业知识。当我们想要成为某一类人的时候，必须要

具备这种人应当具备的知识和能力,否则一切都只是空想,没有任何意义可言。所以,当你认准一个目标时,就要提前用知识和技能武装自己,等到时机成熟时,一展自己的抱负。

德国有个叫麦森的小镇,是闻名世界的“欧洲瓷都”。那里生产的陶瓷被运到世界各个角落,受到了全世界的喜爱。

小镇上最著名的陶瓷工厂就是麦森陶瓷厂。在那里,所有重要的工作都由一个意大利技师和他的几个徒弟完成。这名技师是麦森陶瓷厂重金礼聘的,月薪1万欧元。

这位技师虽然技艺高超,但自视甚高。有一天,他因为一些微不足道的小事和厂方发生了争执,然后一怒之下带着自己的徒弟们回到了意大利。

技师走后,麦森陶瓷厂的生产一下陷入了停顿状态,被迫停产。麦森陶瓷厂的领导也顿时乱成了一锅粥。有的说:“赶紧去意大利向技师赔礼道歉吧,给他加薪,让他继续为我们服务。”有的说:“技师要是实在不肯来,我们就必须迅速将招聘启事贴满意大利的大街小巷!只要能招聘到技师,就能解决问题。”

可是,这位自私的技师为了看麦森陶瓷厂的笑话,不但对加薪毫不理会,还对意大利的同行说麦森陶瓷厂的坏话,没有人愿意接受麦森陶瓷厂的聘用。

就在麦森陶瓷厂毫无对策时,一个在工厂里工作了十几年的垃圾工站了出来,请求领导能给他一次代替技师的机会。

麦森陶瓷厂的领导都以为这个垃圾工在开玩笑,很生气地讽刺了他一顿。这个垃圾工当即拿出从家里带来的自己烧制的花瓶,说:“请你们看看这个,它的质量跟咱们厂的产品相比哪个更好?”领导们看后,个个目瞪口呆,纷纷问垃圾工:“这花瓶真是你烧制的?”垃圾工给予了肯定的回答。原来,这个在工厂里一直做着卑微工作的垃圾工,居然每天都在偷学技师的手艺。

厂方当即决定提拔这位垃圾工为技师,并将他的工资由每月的几百欧元涨到了1万欧元。就这样,麦森陶瓷厂又开工了。而那个垃圾工,凭着自己十几年的苦学,成了麦森陶瓷厂的技工。后来,这位垃圾工的名气远远超过了意大利的任何一位顶级技师。

是金子总有发光的一天,怕的是你根本就不是金子。一分耕耘一分收获,付出是与收获是成正比的。如果年轻时你有自己明确的理想,那就在还来得及的时候,抓住每一分每一秒,为即将到来的机会做好充分的准备。

失败者总是将别人的成功归结为命运的垂青,将自己的失败归结为运气不佳。他们总盼望着天上的馅饼也能砸在自己的头上,殊不知,成功总是留给那些有准备的人。当大好的机会站在你面前时,你抓不住,不是命运对你有失公允,是你不具备牢牢抓住它的资格,因为你并没有为机会的到来做好充足的准备。

有人说过:“你可以没有开枪的机会,但机会来临时你的枪里不可以没有子弹。”上帝对每个人都是公平的,也许此刻你看不到前途的光明,看不到奋发的动力,但将来的某一刻,你在黑暗中坚守的日子会为你换来最耀眼的光芒。准备不一定成功,但不准备一定会失败,在韬光养晦的时候,成功已经在一步一步地向你靠近了。

人生忠告:

如果人生是一本无字天书,没有准备的人只能盲人般无从读起,而准备充分的人就能一页一页阅读,读得心智通灵。渴望成功的青少年朋友们,请扪心自问,你是否已经做好准备迎接生命的挑战?请扪心自问,你是否已经整装待发,朝着下一个人生的目标迈开坚实的步伐?只要你准备充足,就一定能够跨越艰难险阻,建立他人所不能完成丰功伟绩。

做自己擅长的事才能把握十足

“我从不投资自己不懂的行业。”

巴菲特参加会议时,遇到了一名保险行业的专家,他在业内相当有名气。这位专家对巴菲特发表了一通他对保险行业的看法。巴菲特听后,也提出了自己的一些看法。这位专家一听,说:“我再也不在巴菲特先生面前高谈阔论了,他比我对保险行业的了解深刻得多。”

在巴菲特的投资方略里,有一条重要的原则,即不投资自己不懂的企业。他常常告诫投资者,要将投资看成一种理性的行为,如果你不能理解这家企业,就决不要购买它的股票。

一些人不顾自身的实际情况,坚持做自己不擅长的事。当因为不了解而碰壁时,他们总是自我安慰说:“谁都有一个由不懂到懂的过程,只要坚持下去,总会成功的。”殊不知,有些人终其一生,也没有将某个行业弄明白,这个学习的过程,可能漫长的超过你的负荷,最后仍有可能以失败告终。

法国有位数学天才,他和另一个男孩同时爱上了一个美丽的姑娘,按照法国当时的风俗,如果两个男人爱上同一个女人,就要以决斗的方式决定归属。很不幸,这个小伙子的对手是法国最好的神枪手。两个人当面对决,距离25步,结果数学天才腹部中枪,倒地身亡。数学上的任何难题,都难不倒这位天才,但对于枪法他却一窍不通。在一个自己完全不擅长的领域,这位数学天才付出了自己宝贵的生命。

1952年,以色列驻美大使奉总理之命,向爱因斯坦征询提名其为以色列总统候选人的意向。爱因斯坦却回答说:“大使先生,关于自然,我了解一点;关于人,我几乎一点儿也不了解。像我这样的人,怎么能当国家总统呢?”

聪明的人会去做自己擅长的事情，因为做不擅长的事情，就算我们再努力，顶多就是不会被别人落下太远，要想出人头地是很难的。而做我们擅长的事，则可以让我们有可能成为那个领域的精英，少走许多弯路，更轻松地到达成功的顶点。

迈克尔出生在一个偏僻的山村，是一个地地道道的乡下孩子。从小，他就对绘画有浓厚的兴趣，经常趴在一个小黑板上，痴迷地一画就是三四个小时。

上小学时，迈克尔的书本和作业本的空白处，画满了各种人物头像。考入初中后，他开始有意识地阅读大量漫画书，细细品味名家的画作，然后将自己的作品寄给出版社。令人意想不到的是，他的画稿不断地被采用。

为了从事自己心爱的漫画事业，迈克尔在初二那年辍学了。不过，为了提高自己的专业素养，他自修了大学美术系里的所有课程，从顾恺之到拉斐尔、从西方美术史到维纳斯的诞生。

一天，迈克尔在报纸上看到一家动漫社正在招聘美术设计人才，但必须是大学毕业和有两年以上电视节目工作经验的。只有小学毕业证的迈克尔抱着作品集去找招聘负责人。结果，他击败了 29 名大学生，如愿进入这家动漫社。他说："我没有文凭，可是实力超强。"

凭着超强的实力，不久，迈克尔成立了自己的动漫公司，专门从事广告动画片的制作。他制作的动画片，创下电影界有史以来的最高票房纪录，并获得了国际大奖。

在颁奖典礼上，有人问迈克尔成功的秘诀，他说："把自己最擅长的事做到极致，就会成功。"

一位哲人曾说过："一个人所成就的事业，必然是这个人的特长，舍长取短是天下最愚蠢的人才干的事。"据调查，有 28% 的人因为找到了自己最擅长的职业，彻底掌握了自己的命运，并把自己的优势发挥到淋漓尽致的程度。相反，有 72% 的人因为找不到自己的"对口职业"，总是别别扭扭地做着不擅长的事，因此不能脱颖而出，更谈不上成就大业了。

即使年轻人天资愚笨,可在某个领域十年的努力,总抵得过天才一年的努力。更何况,世界上大多都是平凡人,每个人的智商都差不多,成功或失败的决定因素不是智商,而是恒心。每个人心中都应该有一把丈量自己的尺子,知道自己该干什么,不该干什么,善于扬长避短,这样世界上就又多了一个"塑料大王"、"汽车大王"、"钢铁大王"或"石油石化大王"。

做自己擅长的事,说起来容易,做起来难。人生有很多诱惑,每个人都想追求最好的。可究竟什么才是最好的呢?当你月薪5000时,你会觉得月薪10000才是最好的;当你拥有一间杂货店时,你会觉得拥有全国连锁店才是最好的。一生之中最难的,就是自始至终专注于一件事情,因为不能专注,所以我们在众多行业中跳来跳去,最后对所有的事都只是懂一些皮毛,不能成为其中的精英。

要专注于一件事,我们要对自己有清晰的认识,知道哪些是自己的强项,哪些是自己的弱项,对于自己很可能会失败的领域,无论如何都不要涉足。要知道,适合别人的不一定适合你,只有放对了位置,你才能散发出属于自己的独特光辉。

要专注于一件事,年轻人就要对将来有明确的规划,并为目标的实现定下许多小目标。每一次目标的实现,对我们都是莫大的鼓励。坚持一段时间之后,蓦然回首,你会发现自己到底成长了多少,进步了多少。这时候,成就感可以令你脚踏实地在自己擅长的领域里愉快地前进。

人生忠告:

很多人会因为各种原因终身纠缠于自己不擅长的工作。要知道,让鱼儿参加长跑比赛或让兔子参加游泳比赛,这些都是很愚蠢的事情。人生苦短,快乐良多,做自己擅长的事,心才不会纠结。

抓住机会，把握自己的人生

“每当偶然的机会降临，以你的具备的优势有充分的把握，你就全力以赴，孤注一掷。”

巴菲特6岁外出度假时，就在爷爷的商店里以25美分的价格批发6罐可口可乐。带到湖边以每听50美分的价格卖掉。可是他从事股票投资几十年，却从未投资过可口可乐的股票。为什么？因为可口可乐的股票价格超过了巴菲特测算的估值。

一直等到1988年，可口可乐的股票大跌，巴菲特一下投资近13亿元，购买可口可乐2300多万股股票，占可口可乐流通股的7%。巴菲特的这一举动，被许多业内人士称为疯狂的冒险。但事实证明，巴菲特的决定是正确的。单可口可乐这一漂亮手笔，他就赚了100亿美元。

为什么在别人抛售可口可乐股票时，巴菲特却敢于大量买进呢？因为，在巴菲特看来，这是一个千载难逢的机会。如此良机摆在眼前，他怎么可能轻易放弃呢？

不少成功者依靠机遇获得成功和财富，也有不少失败者在黑暗中看到了希望，靠着机遇重新找到光明，获得新生活。在漫漫人生旅途中，机遇也许只降临一次，也许会无数次地光临你。但是，你若不能及时地抓住它，它就会瞬间即逝。能抓住机遇也是一种能力，它会帮助你在苦苦跋涉中来一次人生的飞跃，让你目睹成功女神的微笑。

机遇来临没有预兆，当它戴着面纱，从我们身边悄然走过时，我们浑然不知，待它已在不知不觉中走远了，才猛然发觉，原来我们曾遇到过它。每个人一生之中，都会遇到很多机会，并不是所有人都能抓住机遇。你是否为自己曾经错过的机会而感到惋惜，是否希望曾经错过的机会能再次降临？

有位牧师每天都勤奋努力地做着自己的工作,忠诚地侍奉着上帝。有一天,他做了一个梦,梦中上帝告诉他这里要发洪水了,要他赶紧通知村民离开。上帝还告诉牧师,洪水来的时候,他会去救他。

果然,牧师将消息告诉村民之后,洪水真的来了。等村民全部撤离之后,牧师站在教堂的房顶上,等待上帝来救他。

一会儿,一艘小船划了过来,船上的人大叫让牧师赶快上船。牧师想了想,说:"你先走吧,上帝会来救我的。"

又过了一会儿,有人开着一艘豪华游艇停了下来,对牧师说:"您和我们一起走吧!"牧师想了想,还是说:"我相信上帝会来救我的。"

当洪水涨到了教堂的房顶时,一架直升机飞过来,放下了软梯,让牧师赶快上来。牧师还是坚持他的观点:"上帝会来救我的,你们走吧!"没办法,直升机只好离开了。

最后,洪水冲走了牧师。

牧师来到天堂,找到上帝,满心委屈地说:"上帝,你不是答应会救我吗?洪水淹没我的时候,你为什么出尔反尔呢?"

上帝叹了口气,说:"我给了你三次机会,第一次是艘小船,第二次是艘豪华游艇,最后一次是直升飞机。可你都没有抓住,这能怪谁呢?"

生活中,很多人都在抱怨人生没有机遇,真是这样吗?是没有机会,还是你不善于抓住机会?上天对每个人都是公平的,它会给你磨难,也会给你众人求之不得的机会。只是,并不是所有人都有一双善于发现的眼睛,大部分人错过的机会比抓住的多。

有一句谚语说:"通往失败的路上,处处都是错失的机会。坐待幸运从前门进来的人,往往忽略了幸运也会从后窗进来。"成功者之所以会成功,是因为他勇于冲锋、主动进攻,善于抓住胜利的时机。机遇从来都不会落在守株待兔者的头上。要想在机会中受益,就从今天开始,睁大你的双眼,紧紧抓住从你眼前走过的机会。

某地发现了金矿,想发财的人一窝蜂地跑去了,就在他们快到达有金矿的地方时,一条宽而深的大河挡住了他们的去路。河上没有桥,附近也没有船,现在该怎么办?

有人说,绕道走吧,没人动;有人说,游过去吧,可是河太深太宽了。就在众人束手无策之际,有个人灵机一动,往回走买了一条小船,做摆渡之用。过河每人每次3个金币,尽管十分昂贵,可没有一个人不上他的船,因为河对面有宝藏。

摆渡的人不去淘金了,专心摆渡,因为每天都有络绎不绝的人要到金矿去。

后来,去淘金的人十有八九都空手而回,而那个摆渡的人却发了大财。

世界上缺少的不是机会,而是缺少善于发现机会的眼睛。善于发现机遇的人,总能透过现象看到本质。即使没有机会,他们也会想尽一切办法,制造别人梦寐以求的机会。那些平凡的不能再平凡的小事,那些看似会毁掉你的人生厄运,对拥有火眼金睛的人来说,是天上掉下来的馅饼,孕育着财富和转机。

有位政治家曾经说过:“命和运是两回事,命是天定的,运是机遇,机遇靠人去把握。”机遇是掌握在自己手中的,如果你的生活中没有机遇,那就应该自我检讨一下,看看问题是不是出在了自己的身上。一味地抱怨命运的不公,是弱者的行为。对真正的强者来说,生活遍地是机遇。

人生忠告:

机遇偏爱有准备的头脑,要练就一双发现机遇的火眼金睛,我们还要从自身加强修炼。多读些书,机会来的时候,你不会对它一无所知;多积累些经验,机会来的时候,你可以更好地看清它的真面目;多动点脑筋,机会来的时候,你可以快速做出反应……你的内在越丰富,机会就越容易来到你身边。

把鸡蛋放在同一个篮子里

“把鸡蛋放在同一个篮子里。”

现在最流行的投资方法是分散投资,即不要把鸡蛋放在一个篮子里,而要买很多支股票,每支股票都只买一点儿,这样看上去似乎更稳健,赚钱更多。但是巴菲特却非常反对分散投资,他说:“不把所有鸡蛋放在同一个篮子里,这种做法是错误的,投资应该像马克·吐温建议的那样,把所有鸡蛋放在同一个篮子里,然后小心地看好这个篮子。”

集中投资的精髓可以简要地概括为:选择少数几种可以在长期拉锯战中产生高于平均收益的股票,将大部分资本集中在这些股票上,不管股市短期跌升,坚持持股,稳中取胜。巴菲特提倡集中投资,把鸡蛋放在同一个篮子里,他的投资就仅集中在少数几家杰出的公司身上。

人是一种很贪心的动物,总是想拥有很多,以为凭借自己的努力可以收获所有,却不知道,这样的结果只能是满盘皆输。人的时间和精力是有限的,不可能同时专注于许多事,并将它们统统做好。你做这件事时,另一件事就会被耽误,做另一件事的时候,这件事也会受到影响。人最难能可贵的,就是集中精力,只为做好一件事。

把鸡蛋放在同一个篮子里,是一种孤注一掷的行为,如果输了,就输了全部。当你把一切都压在一个赌注上时,就再也无法忽视它,你会更加小心谨慎地看清目标,深思熟虑后做出最正确的选择。这样的选择,因为看得真切,所以赢的机会大很多。

有个男孩考入了师范学院,在师范学院里,他迷上了唱歌。

马上就要毕业了,男孩却充满了困惑。当初选择上师范学院时,他一心想成为一名教师。然而,唱歌现在成为了他生命中的成部分。男孩常常问

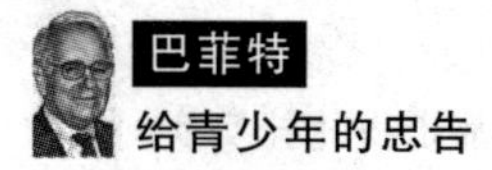

自己:是当一名教师,还是成为一名歌唱家呢?

徘徊在人生十字路口的男孩最后想出了一个折中的办法:先当一名教师,在教学之余练习唱歌,然后再成为一名歌唱家。

男孩把他的想法告诉了父亲,父亲指了指他面前的两把椅子,说:“你能同时坐到那两把椅子上面吗?”男孩摇了摇头,他不能。父亲说:“很多的时候人们都同时想坐两把椅子,结果只会使自己摔到地上。”

听了父亲的话,男孩感觉豁然开朗。从此以后,他专心致志地练习唱歌,7 年的辛苦学习,终于换来了第一次登台演出。

那次登台演出获得了极大的成功。后来,他成为一名著名的歌唱家。

有位科学家说过:“如果把 1 英亩(1 英亩 =4047 平方米)草地所具有的全部能量聚集在蒸汽机的活塞杆上,那么它所产生的动力足以推动世界上所有的磨粉机和蒸汽机。但是,由于这种能量是分散存在的,所以从现实的角度来说,它基本上毫无价值可言。”

年轻人如果心浮气躁或朝三暮四,就不可能集中自己的时间、精力和智慧,干什么事情都只能是虎头蛇尾,半途而废。缺乏专注的精神,即使立下凌云壮志,也绝不会有所收获,因为“欲多则心散,心散则志衰,志衰则思不达也”。

要想成功,我们只能选择一把椅子,选多了,就会跌倒在地上。要在某方面有所作为,就必须在这方面做到精通,成为这个领域的专家。同时坐几把椅子,你能有多少时间在一个领域潜心研究呢?或许你很用心,但一个行业的辛苦,在另一个领域的成效却是零。与其在多个方面肤浅地学习,不如集中全部精力,在一个行业做到最好。

法国著名侦探小说作家乔治·西默农写作时,总是把自己和外界完全隔绝开,不接电话,不见来访的客人,不看报纸,不读来信。也许他的方式令常人难以理解,但他却能在相同的时间内完成常人花十倍时间也难以完成的任务。

知名影星尤勃连纳,这位向来以光头造型与敬业精神著称的影帝,在他

的演艺生涯中,曾主演过《国王与我》。这出戏从上演那年开始,一直演到他去世那年为止,长达53年之久。据统计,尤勃连纳前前后后一共演出了4625场之多,平均每5天就上演一场。

剃刀或斧头的刀刃虽然薄如纸片,它们却在披荆斩棘中,起着决定性的开路先锋作用。在生活中,能够克服艰难险阻,最后顺利到达成功巅峰者,也必是那些能够在某一领域集中精力且学有所长且有刀刃般锐利锋芒的人。不要说你在某方面没有才能,不是你不行,而是你没有集中全部心力将它做到最好。再小的事情,只要你花费全部心思,就能发散出无与伦比的惊人力量。把鸡蛋放在同一个篮子里,加倍用心会让你收获更多。

人生忠告:

因为专注,你可以永远乐此不疲地热爱自己的事业:因为专注,你可以始终如一;因为专注,你可以持续训练,不断改进,创造出不平凡的成绩。专注的力量是无穷的,当一个人全心全意专注于一件事情时,可以想人所不能想,能人所不能,爆发出常人没有的力量。

逆水行舟,富贵险中求

“我们欢迎市场下跌,因为它使我们能以新的、令人感到恐慌的便宜价格拣到更多的股票。”

1976年,GEICO汽车保险公司面临破产,这被称为“保险业的泰坦尼克事件”。巴菲特最敬重的老师格雷厄姆认为这家公司已经不具有投资价值,但巴菲特却看准了该公司的成本优势和经营特许权,准备冒险收购。

巴菲特曾经说过:“投资者不能缺乏冒险精神,对很多投资人来说,成功通常是冒险的收获。”尽管巴菲特在投资中主张避险,但有些时候他也是冒险的受益者。

事实证明,巴菲特的这次冒险是值得的。GEICO 公司在他控制企业领导权的6个月后,股价上升了4倍,巴菲特又狠狠地赚了一笔。

在这个日新月异的社会里,一些久在商海或宦海中浮沉的人认为:稳定就是一种福气。他们不再奢求人生的大富大贵,只希望抱着一份铁饭碗,安安稳稳地过完下半辈子。失去了在社会上闯荡的雄心,失去了在大海中搏击风浪的勇气,这些人墨守成规,惧怕变革,最终会被优胜劣汰的准则无情地踢出市场经济的大潮。

我们做任何事都有成功和失败两种可能性,大部分年轻人都将着眼点放在了失败上面,却忽视了成功也是事态发展的一端。人在不断发展,社会在不断进步,在“逆水行舟,不进则退”的市场大环境下,勇于冒险,你还有成功的可能;保守胆小,就只能在命运的夹缝中苟延残喘。如果生命注定要在无所作为中奄奄一息,那为何不在冒险中寻求新的发展呢?

很久以前,有个牧羊人养了一群羊。春夏秋三季的温度比较适宜羊生存,它们的日子过得非常舒适,渐渐养成了一种不爱动的习惯。

冬天来了,气温骤降,寒冷的天气使羊群无法适应,很多羊都被冻死了。牧羊人感到非常难过,为了使羊能更好地生存下去,他绞尽了脑汁,最后终于想出了一个非常危险的方法:在羊生活的地方放一只狼。

狼的出现造成了羊的恐慌,它们开始不断地奔跑,以此防止狼的袭击。奔跑有效抵御了寒冷的侵袭,羊比以前死得少多了,最终再次迎来温暖的春天。

对于风险,你可以在保守中苟且偷生,唯恐避之不及。但高风险代表着高回报,完全避开了风险,就等于避开了可能随之而来的巨大财富。更何况,对于那些害怕危险的人而言,危险无处不在,与其坐以待毙,倒不如转守为攻,变被动为主动,在冒险中寻求新的机遇。

“成功细中取,富贵险中求。”在所有通往成功的路上,都暗藏着这样或那样的危险,但危机后面蕴藏着转机,要成功就必须具有冒险精神。我们可以在做事之前就做好最坏的打算,却不可以还没开始就变得英雄气短。如

果你已经决定将冒险进行到底,就抛开一切可能变为障碍的情绪,痛痛快快地开始你的冒险之旅。

20年前,洛克打算离开自己生活了多年的小村庄,背井离乡到外地闯荡。从没出过远门的他,心里万分惶恐,于是他去拜访村里的一位智者,请求指点。

听完洛克的话,智者拿起笔在纸上写了几个字,装在一个锦囊里,交给洛克说:“孩子,人生的秘诀只有6个字,今天先告诉你3个,当你在外面遇到过不去的坎儿时,就打开来看看,它足够供你享用半生了。”

初到大城市时,由于什么都不懂,洛克做事总是瞻前顾后,畏首畏尾。一段时间之后,他不但没有取得任何成就,反而将自己的积蓄都花光了。就在洛克一筹莫展,为生计发愁时,他突然想起了智者的忠告,于是打开锦囊,上面写着3个大字:“不要怕!”

看着锦囊里的字,洛克心想:是啊,反正我一无所有,有什么可怕的呢?从那以后,只要是洛克看准的事,就放胆去做。后来他开创了自己的公司,事业上取得了不小的成就,也经历了从结婚到离婚,从离婚到再婚的过程。

20年后,洛克年轻漂亮的第二任妻子将他的财产席卷一空,而人到中年的他,想重新开始,却已经完全丧失了年轻时的锐气。茫然中,他想起智者说过人生的秘诀还有3个字,于是踏上了回乡的路。

年事已高的智者早已在几年前离开人世。在智者的坟前,家人取出一个锦囊交给洛克说:“这是老先生生前留给你的,他说有一天你会再来。”

洛克打开锦囊,里面赫然又是3个大字:“不要怕”。

智者人生的秘诀最终归结为3个字:不要怕。怕会在无形中限制一个人的行动,约束一个人的思想,让他与成功失之交臂。所有的成功者都有一个共同的特性,那就是有勇气去做别人不敢做的事情。他们敢在别人想不到的领域标新立异,敢在没有把握的赌局中下注;他们不怕破釜沉舟,不怕从头再来,即使跌倒成百上千次,成功的欲望也不灭,心中的胆量也不泯;他们不像常人那样对困难望而却步,而是乐于投入逆境的洪流之中,积极与大风大浪搏击,即使百转千回,也要到达成功的彼岸。

当然,人生不是赌博,冒险也不代表冒进,“明知山有虎,偏向虎山行”的做法不是勇敢,而是愚蠢。有计划的冒险可以为你插上飞翔的翅膀,无知的冒进则只会为你留下遭人耻笑的话柄。在行动之前,我们一定要仔细研究,认真考察,创造更多使冒险趋向成功的条件,这样,你才不是盲目冒进的大傻瓜。

人生忠告:

人生就是一个不断冒险的过程,一个成功者,胆略、胆识和胆量是必不可少的素质。不要为你的未来限定那么多的条条框框,也不要惧怕前途未卜,激发隐藏在你内心深处的冒险因子,让你的人生在激流勇进与惊涛骇浪中创造另一番别有洞天的幻境。

重大失误越少越接近成功

“我成功的原因不是自己成功的次数有多多,而是重大失误的次数有多少。”

巴菲特曾经说过,自己之所以能在投资方面取得如此巨大的成就,不是成功的次数有多多,而是重大的失误非常少。霍华德作为长子,巴菲特对他寄予了很大的期望。他常常教育霍华德,人生在世,失误是无法避免的,只要在重大事情上避免失误,成功自然而然就会敲响你的大门。

什么样的人才叫做成功人士？一位取得产品专利的科研人员算是成功人士吗？一位拥有百万资产的公司老板算是成功人士吗？一位取得美娇娘的新郎算是成功人士吗？从狭隘的角度看,这些人真的都是羡煞旁人的成功者,但从长远看,如果科研人员的科研成果无法在实践领域实用;公司老板因为决策失误不得不将公司关闭;幸运的新郎后来发现新娘的内心并不

如她的外表美丽,那这些人还能算是成功人士吗?

对于成功,人们的理解总是那么狭隘,实际上,人生还有另外一种成功,就是避免重大的失误。在生活中,人们都不断会犯错,为什么有些人生活惬意,事业如日中天,是标准的成功人士:仔细观察你就会发现,这些人虽然平时小错不断,但在人生的关键时刻,却从没有过重大的失误,这才是他们成功的真正秘诀。

有个人在与别人打斗时不慎将对方打死,被判死刑。在行刑前,国王决定给他最后一次机会。国王给了他一碗很满的水,告诉他:“你要端着这碗水爬过我们国家最高的山,如果你到达山的另一端时,这碗水一滴都没有洒,我就饶你不死。”

所有人都认为这是不可能的事,因为即使在平坦的路上,水也很容易洒出来,更何况是这样一条又高又远又崎岖的山路呢。

犯人爬山的这一天,全国的人都挤在山路的两旁,大家都死死地盯着碗里的水,看犯人能坚持到什么时候。许多人心里暗暗想:等水洒出来之后,就立刻把他抓到国王面前,让国王处置他。

犯人的眼睛紧紧地盯着碗中的水,小心翼翼地迈着每一步。1 分钟过去了,1 小时过去了,1 天过去了……当太阳从东方升起时,犯人终于走到了山的另一头,而碗里的水真的一滴都没有洒出来。

犯人高兴地来到国王面前,国王依照承诺赦免了他的罪行,说:“你成功了,依据先前的承诺,你现在自由了。”

犯人泪流满面地回答说:“不,这并不算真正的成功。以前我也总是打架惹祸,可都没有这次严重。经过这次的事情之后,我明白小错可以犯,但大错是无论如何都不能犯。如果在以后的生活中,我能够避免大的失误,那才能算是真的成功了。”

很多人在失败后都会沮丧地说:“如果我当时没有犯那么重大的失误,现在早就已经飞黄腾达了。”可是,就算你再沮丧和懊悔,也不能挽回损失,你还是一个失败者。没有失误,就代表你现在所做的事正朝着预期的方向发展，就代表只要这样一直走下去，你就会取得成功。所以，当我们做事时，不要总想着成功以后的鲜花和掌声，而要仔细考虑，如何在前进的过程中避免出现重大的失误。

其实，人生在世，怎么可能会没有失误呢？犯错并不要紧，重要的是你没有犯不可弥补的错误。平时一些小的失误，可以为你积累教训，让你在失误中获得成长。可真正毁灭性的失误，一次便会让你成为油锅里的鱼，永远不再有翻身的余地。

被称为“世纪的巨人”、“西方之皇”、“战争之神”及“命运的支配者”的拿破仑，一生亲自指挥过60多次战役，都取得了辉煌的战绩，镇压了叛乱，粉碎了欧洲“反法联盟”的多次武装干涉，打乱了欧洲的封建秩序。可是，攻打俄国的一次巨大失败，就葬送了他的戎马生涯，被放逐到圣赫勒拿岛，之前所有的努力都功亏一篑。

有个人，22岁时经商失败；23岁时竞选州议员失败；24岁时经商失败，他花了16年才把债还清；25岁时，再次竞选州长议员失败；26岁即将结婚时，因未婚妻死亡而精神崩溃；29岁时，争取成为州议员的发言人失败；34岁时，参加国会大选失败；39岁时，寻求国会议员连任失败；45岁时，竞选美国参议员失败；49岁时，再度参选参议员，再度失败；51岁时，当选美国总统。这位无数次失败的人，就是美国历史上最伟大的总统之一——林肯。

人生忠告：

无数次小的失误比不上一次大的失误更具有毁灭性，无数次小的成功也比不上一次大的成功更具有意义。在很多人眼中，能在某个领域取得巨大的成就即为成功，但实际上，能够避免人生重大的失误，也是一种成功。这种成功可以成就人的一生，比一时小的成功更有价值，更有意义。

成功就是积累应当做好的事

“我之所以能有今天的投资成就,是依靠自己的自律和别人的愚蠢。”

如果你是巴菲特的员工,就不必担心会有额外的工作压在自己的肩上,因为这是巴菲特绝不允许的事情。在巴菲特看来,如果你连手里的工作都难以做好,那你在做其他工作时,也不会有大的作为。

工作的首要原则,是做好自己分内的事情。在职场上驰骋,如果自己的首要工作都做不好,那你很快就会面临被解雇的危险。巴菲特是股神,是管理者,他时刻记得自己的身份,每天工作十几个小时,就是为了做好自己该做的事。

做好自己的事,说起来容易,可做起来却非常困难。世上很少有人能自信地说:这辈子,我做好了自己的每一件事。很多事,当局者迷,因而一错再错,所以人才有遗憾。人生最难的,莫过于做好自己的事。

乔拉有一个美满幸福的家庭,她一直在单纯的环境中快乐地长大。她一直认为,自己何其幸运,能够拥有这种简单却幸福的生活。

可是,或许是上天嫉妒她的幸福,在她还没有准备好要迎接灾难时,妈妈被查出患了癌症。为了治好妈妈的病,爸爸变卖了自己的公司,并连同自己多年的积蓄,都双手奉送给了医院。

妈妈的病虽然治好了,可家里却从此变得一贫如洗。乔拉的爸爸接受不了自己变得贫穷的事实,开始酗酒,经常动不动就发脾气。

好像一夜之间,乔拉的生活彻底变了,她由原来的不谙世事变成多愁善感,由出手阔绰的富家小姐变成了连学费都交不起的贫困生。生活的巨变导致乔拉的成绩迅速下滑,她由全班第一名,渐渐沦落到差等生的行列。

老师了解到乔拉的情况,把她叫到办公室,亲切地问她:“孩子,我知道你的成绩为什么下滑。你能否告诉老师,你现在心里到底在想什么?"

"我在想自己怎样才能使家里摆脱困窘的局面。"面对平时对自己疼爱有加的老师,乔拉吐露了心声。

"孩子,让我告诉你,如果你想摆脱现在的困境,那你就必须变得强大,不要将希望寄托在别人身上。"老师很诚恳地告诉乔拉,

"那我怎样才能变得强大呢?"乔拉急切地问。

"做好你自己的事,如果你连自己的事都做不好,又有什么力量改变命运呢?"

从那以后,乔拉一改颓废的状态,整天没日没夜的学习,并凭自己的努力考上了全国一流的学府。在大学入学的第一天,她暗暗告诉自己:做好自己的事,我一定可以改变自己的命运。

当看到自己珍爱的人受苦时,我们为他们的遭遇而痛心,为自己的无可奈何而悔恨,那种无力的感觉好似一种酷刑,给人一种锥心刺骨的痛。帮助别人最好的方式是自己变得强大,而要变得强大,就必须做好自己的事。认真做好自己的事,就在一点一滴中积累了自己的能量,当你变得足够强大时,就能帮助自己的亲人和朋友,还有那些你想善待的陌生人。

克里姆林宫里的一位老清洁工说:"我的工作同叶利钦差不多,叶利钦是在收拾俄罗斯,我是在收拾克里姆林宫,我俩都在做好自己的事。"从表面来看,二人的工作不可同日而语,但他们都在努力做着自己份内的事。

在这个世界上,所有人都在做同一件事,那就是自己的事。可是,鲜有人能将这件事情做好。生活中有一些人喜欢好高骛远,不自量力,整日想做那些自己力不能及的事,却对自己应当做的事充耳不闻。殊不知,小草虽小,却能以一片绿意装点整个世界;小溪虽浅,却能滋润山林;你的职位虽然卑微,但努力做好了,也能发光发热,温暖人心。

纪伯伦说:"如果你用不甘心去烤面包,那么你烤的面包是苦的;如果你用怨恨去酿葡萄酒,那么你就在清冽香醇的酒中滴入了毒液……"自己人生有许多的无可奈何,许多人都在做着并不喜欢的工作。可是,无论你对现在

的境况多么不满意，你还是要学会做好自己的事。

做好自己的事，大家才能肯定你的实力；做好自己的事，家人才能放心，领导才能对你委以重任；做好自己的事，生活才能充实；做好自己的事，你才能成为出类拔萃的人。那些整日抱怨生活不公，机遇没有降临在自己身上的人，何不好好审视一下自己，看看你是否做好了自己的事，如果你做好了，生活自然会善待你，机遇也会敲响你的房门。

做好自己的事，不仅是对自己的尊重，更是对他人的负责。工作中你做不好，整个集体的利益都会受到影响；生活中你做不好，家人和朋友也会跟着担忧。任何人都不是独立的个体，都与周围的世界有着千丝万缕的联系，你的一个错误，很有可能会连累到他人。

人生忠告：

老师的工作就是教书育人，战士的工作就是保家卫国，总统的工作是管理好国家，画家的工作是画出震撼人心的作品……无论职位高低，财富多寡，每个人都有自己应该做的事，都有自己必须做的事。做好自己的事，才是为人之道，更是生存之道。

自我管理，把握方向少走弯路

在当今信息量爆炸的信息化时代，每个人都有自己的生活方式。青少年的思想像“晴雨表”一样敏感而真实地反映着社会状况，因而青少年更要好好掌控自己，要学会阻击欲望，守住道德底线，保持独立的人格和纯正的操守。你的人生如何打理，持何种心态，有什么期盼，便会有怎样的收获！

不可陷入债务的深渊

尽管巴菲特是众人眼中的股神,但是他的孩子们并没有受到父亲专业炒股水准的熏陶,甚至连如何处理大宗金钱的技巧也不懂。不过,他们却从父亲身上学到了价值连城的一课,就是对待债务的态度。

有的人因为欠债一辈子省吃俭用,过着拮据的生活;有的人因为欠债而背井离乡,逢年过节也不敢与亲人团聚;有的人因为欠债而被人指指点点,一辈子没有尊严,永远在他人面前抬不起头;还有些人想在事业上大展拳脚,却因为肩上沉甸甸的债务,最终没有任何作为。年轻人如果想在正常的人生轨道上行走,就不能陷入债款的陷阱,不为债务所累,轻松自在地走自己的人生路。

没有人喜欢欠债的感觉,却还是有许多人整日为了债务奔波,做自己不想做的事,说自己不想说的话,没有自由,也没有任何幸福可言,难道,这就是你想要的人生吗?如果欠下一辈子都还不完的巨款,那你的明天还有什么希望可言?

拉尔斯年轻时生活十分拮据,常常为温饱问题而担忧。可是,他有一个家境很好的姐姐,每次到姐姐家做客时,都会偷偷拿些东西回来,一次,两次,三次……对于这件事,他一直心存愧疚,觉得对不住姐姐。

拉尔斯死后,想要投胎变成马还债。在投胎前夕,他托梦对姐姐说:“姐啊,我欠你的那些钱,要变成马来还给你了。明天你家的马要下崽,马头上有三簇白毛的就是我,你要善待我啊!”

次日,拉尔斯姐姐家中的母马果然生下了一头头上有三簇白毛的小马。因为梦的缘故,从小到大,拉尔斯的姐姐从没有让马驮过东西,还嘱咐孩子称呼此马为“舅舅”。

一天，拉尔斯姐姐的孩子在放马时，此马突然冲出去，将一个商贩的碗踢破了一堆。孩子哭着对马说："舅舅啊，带你出来一趟，你怎么平白无故踢坏别人的碗啊，我哪有钱赔别人啊！"

商贩听到孩子叫马为"舅舅"，大为诧异，便问缘故。孩子说出来缘由，商贩说："原来是这么回事啊。打破这几个碗值多少多少钱，我以前正好欠你舅舅这些钱，这下正好抵平，不用你赔了。"

这匹马一辈子没有干过重活，死后拉尔斯的姐姐还花钱为它订了一口大棺材，像对亲人一样的安葬了此马。

因为拉尔斯转世成为马后，不但没有还债，反而欠了姐姐更多的钱，所以他又转世为马。这次拉尔斯吸取了前世的教训，不再托梦给姐姐。姐姐不知道后来的马是弟弟所变，也就像其他马一样对待它，每天都让它做繁重的工作。这一世，拉尔斯终于把账还清了。

"欠债还钱，天经地义。"今天的债明天还，今年的债明年还；曾经欠下的债，一日不还清，就会一日压在你身上。背着沉甸甸的负担，你能走得快，走得顺吗？所以，千万不要让自己无端陷进债务当中，一旦陷进去，你就必须花费更多的时间和精力让自己摆脱困境。

当然，在当今这个信誉严重打折的社会，有些人想尽办法拖欠，甚至抵赖不还，这是社会的悲哀，也是人的悲哀。即使你昧着良心不还清债务，可你失去的是比金钱更重要的东西。当你欠债不还的事情传到亲戚、朋友，甚至合作伙伴的耳中时，你怎能奢望下次有困难时亲戚和朋友会毫无顾虑的帮助你解燃眉之急，又怎样奢望合作伙伴可以全心全意信任与依赖你呢？你失去的，远比你欠下的要多得多。

鲍尔从小就刻苦用功，每次考试成绩都是全校第一。在同学和老师的眼中，他无疑是祖国的栋梁之才，将来肯定能有一番作为。可是，鲍尔从小就家境贫困，到中学时，还因为交不起学费而辍学了。

辍学后，鲍尔像大多数年轻人一样，投入了打工的浪潮。打工时，他的才能再次显现出来，并且小有积蓄。鲍尔想用这笔钱做皮革生意，可是家里却希望能先将欠下的债还清，等日后有机会时再另谋出路。

从小，鲍尔就经常看到要债者找上自己的家门，他也无数次看到父母为了拖延还钱的日期而在对方面前低声下气地说好话。他知道欠债的日子不好过，所以决定听从父母的意思，将积蓄全部用于还债了。

一天又一天，一月又一月，一年又一年……鲍尔每天都在为还债奔波，他起初的雄心壮志已经被巨额欠款消磨尽了。他现在最大的心愿，就是能将债务还清。

人们欠债时，想的是借款可以解自己的燃眉之急，令自己摆脱尴尬的困境，并抱着一种美好的愿望，认为自己很快就有别的出路，欠款也能在短期内还清。可是，欠债容易还债难，倘若你手中真的有闲钱，待你还完债后，依旧是一无所有；倘若世事不如你所料，那你就必须用无数个日日夜夜来偿还欠下的债。到时候，你曾经所有美好的愿望，都只能成为天上的月亮，可望而不可即。

人生忠告：

每个青少年都想过衣食无忧的生活，都想有似锦的前程，可是，这些都是以经济实力为基础的，是无债一身轻的人才能奢望的梦想。

青少年从小就应该学会理财，不要欠债，这是一种爱护自己的方式，一种及早为将来打算的先见之明，一种让自己远离麻烦的自我保护。好好爱自己，在没有经济负担的状态下展翅高飞，一直飞向更远的地方。

远离贪婪的毒火

“我们也会有恐惧和贪婪，只不过在别人贪婪的时候我们恐惧，在别人恐惧的时候我们贪婪。”

在巴菲特看来，投资者只有避免进入贪婪的误区，才可能在瞬息万变的股市中立于不败之地。不贪的心态帮助巴菲特避免了很多次灾难。例如，20世纪60年代美国股市牛气冲天时，巴菲特并没有因为可能到来的高额利润而动摇，而是在持有股票价值增长20%的情况下决定全部抛出，后来股市因股票虚高而出现了大幅下跌的情况，无数投资者倾家荡产，而巴菲特是那次股灾中少数没有遭到损失的投资者。

一个男孩在雪地里支起竹筛捕鸟，不久飞来一群小鸟，共有7只。也许鸟儿很饿，不一会儿就有5只小鸟走到筛子下面，这时只要男孩一拉绳子，这些鸟儿就是他的了。可是他没有拉，他是要等更多的鸟儿进去，等了一会儿走出了2只，又走进了另外2只。他这时有点犹豫不决，仍旧没有拉绳子，心想：只要再走进去哪怕1只，就拉绳子……可是又走出了1只……他还在等待着……最后，鸟儿全都飞走了。

在澳大利亚，有片草原，那里的草长得特别肥美，所以那里的羊群发展得特别快。可是，每当羊群发展到一定的程度，就会出现一种非常奇怪的现象：走在前面的羊群总能吃到草，而走在后面的总是只能吃剩下的，于是后面的羊群在前面羊群吃草时，就会拼命地跑到队伍前面。就这样，羊群为了争夺食物都不愿意落在后面。草原上就形成了一个非常壮观的场面，羊群都朝着一个方向不停地奔跑。草原的尽头有一片悬崖，羊群跑到悬崖边缘也全然不理会，于是整群的羊纷纷往悬崖下跳。

相信很多人都有过贪婪的念头：无意间捡到1元钱，还想再捡第二次；妈妈给了足够的零用钱，却还想要更多；吃了一块蛋糕，还想要更大、更美味的……贪心时，年轻人以为自己可以拥有全世界，可实际上，贪婪让他们失去了眼前拥有的一切。一个贪婪的人，总认为后面还有更好的，可未来的一切尚未可知。在你犹豫不决时，最好的已经悄然走过。等到最后，发现自己中了贪婪的圈套之后，就陷入深深的自责和懊悔当中。人为财死，鸟为食亡，一切都只因贪婪二字。

老魔鬼看到人间有个农夫很穷，但生活过得很幸福，他决定去扰乱一下。

他先派一个小魔鬼偷走了农夫的面包和水，农夫不急不恼。他又派一个小魔鬼把农夫的土地变得很硬，但农夫仍然辛勤劳动，没有抱怨。这时，第三个小魔鬼出来了。他对老魔鬼说："我有办法，一定能把他变坏。"

小魔鬼先跟农夫做了朋友，告诉农夫明年会有干旱，叫农夫把稻子种在湿地上，农夫照做了。结果第二年别人没有收成，只有农夫的收成稻谷满仓，他就因此而富裕起来了。小魔鬼又教了农夫很多赚钱的招数，慢慢地，农夫获得了大量的金钱。

老魔鬼来了，小魔鬼告诉老魔鬼说："您看！我现在要展现我的成果。这个农夫身上现在已经有猪的血液了。"

很快，农夫办了个晚宴，所有富人都来参加。喝最好的酒，吃最精美的餐点，还有好多仆人侍候。他们非常浪费地吃喝，醉得不省人事，变得像猪一样痴肥愚蠢。

"您还会看到他身上有着狼的血液。"小魔鬼又说。

这时，一个仆人端着葡萄酒出来，不小心跌了一跤。农夫大声骂他："你做事这么不小心，罚你不许吃饭！"

老魔鬼看见了，高兴地说："真了不起！你是怎么办到的？"小魔鬼说："我只不过是让他拥有比他需要的更多而已，这样就可以引发人性中的贪婪。"

其实，在大部分人的心里，或多或少都有一些贪婪的种子存在，只是有些年轻人被迅速成长的贪婪支配，有些年轻人则能很好地控制它的生长。在与贪婪的对决当中，人性的各种缺点被暴露的淋漓尽致，当年轻气盛的你向贪婪倾斜时，那么你离堕落也就越来越近了；但如果贪婪的火苗被其他美好的道德品质所熄灭，那你就真正成为人性的强者。

没有一条鱼不是因为贪婪而被鱼竿钓出水面的；没有一只狐狸不是因为贪婪而掉入猎人的陷阱的；没有一只鸟不是因为贪婪而被关进笼子的。放眼观察周围，多少人因为贪吃，年纪轻轻患“三高”；多少人因为贪玩，学业荒废误入歧途；多少人因为贪财，身为高官却坠下了马…… 贪婪，是生命共同的陷阱，只有克制贪婪，才不会陷入泥沼。

人生忠告：

贪婪就是无穷无尽地想要拥有一切，贪婪就是一种自我毁灭，贪婪会导致最终一无所获。不要只是一味地想着你将来还会拥有什么，而是要考虑你现在能把握什么，这样你才能拥有美好的人生。将贪婪的毒瘤从你心中切除，你会发现，窗外的阳光是那么的灿烂，身边的人是那么的可爱，生活是那么的美好。

轻举妄动的人往往不会成功

“实际上，如果没有充足的把握，我不会轻举妄动。”

在奥马哈伯克希尔公司的总部大楼里，这里的工作人员几乎从未泄漏过什么消息。在伯克希尔公司更衣室的墙上有这样一则警言：你在这里所看见的东西，你在这里所说的话，当你离开这里时，请把它们留在这里。巴菲特谨慎的性格，对他事业的成功起到了至关重要的作用。

做生意，需要小心谨慎；过马路，需要小心谨慎；吃东西，需要小心谨慎；做数学证明题，也需要小心谨慎……人生在世，我们说的每一句话，做的每一件事，都需要小心谨慎，否则就可能造成令人遗憾的后果。

美国化学家戴维，21 岁时发现了氧化亚氮，在之后的几年中，他取得了越来越多的成就。在他 23 岁时，他被聘为皇家副教授，又被封为爵士和男爵种种头衔让这位声名远播的科学家飘飘然了，他渐渐遗忘了科学家应有的谨慎,轻率地宣布了错误的科研结果。一世英名毁于一旦,30 岁之后他再也没有给人们带来惊奇的发现。

有些年轻人自以为是,认为自己才华出众,根本就不可能犯错,所以对别人友好的建议,他总是嗤之以鼻;对自己无理取闹的行为,总是觉得理所当然;对事情的决策,总是固执的不可一世……可是,主观的臆想永远没有摆在眼前的事实更有说服力,当失败将你的自信撕碎,你被狠狠地踢入地狱时,才发现自己犯了多么严重的错误。

古罗马的尤维纳利斯说过:“除了谨慎小心,人没有其他保护自己的力量。”人生总是在经意或不经意之间,处于某种危险之中。这时候,谨慎是保护自己的最有利手段。“动必三省,言必再思。”我们的所言所行都应权衡利弊,周密计划,切不可草率行事,否则等待我们的将是失败的命运。

在死神的地狱里,拘囚着许多死者的灵魂。一天,上帝探访了这所地狱,于是这里便炸开了锅,灵魂们纷纷向上帝倾诉自己的遭遇。

“我是个为人民服务的警察。”一个看上去万分后悔的青年人说,“在一次抢救人质的过程中,我因为忘穿防弹衣,被劫匪一枪打中。假如再给我一次机会,我一定不会忘记穿防弹衣。”

“我原本是个百万富翁。”一个面黄肌瘦的男子说,“可是因为一时判断失误导致了公司破产。假如我有两条命,一定会小心决策,绝不会再轻易决定。”

“我是一个世人景仰的化学家。”一个儒雅的中年人说,“可是在做实验时,不小心将两种化学物质混合在一起,最后实验室爆炸,我还没有反应过来就已经来到地狱了。如果当初没有一时大意,我现在肯定又有许多新的发明了。”

上帝聆听着每个灵魂诉说心中的不平。最后,他无奈地说:“的确,你们如果还有一条命,可能会活得很好。但是请记住,生命只有一次,机会也只有一次,既然你们当初不够小心谨慎,就必须为自己的粗心大意付出代价。如果你们当初行事时深思熟虑,不被表面现象所迷惑,就不会来到这昏暗的地狱，落到凄惨的下场。”

看到上帝远去的背影，灵魂们静静地思考着……

古人云：“亡羊补牢，未为晚也。”可这是不好的事情发生后，将损失降低到最少的做法，在那之前，我们就应该采取一切手段阻止坏事的发生，尽力避免损失。人一生当中会遭遇很多失败，都不是建立在判断失误基础之上的，而是因为马虎和不小心，将你推进万丈的深渊。

当然，有些谨慎的做法因考虑过多，可能到头来，一切小心只不过是庸人自扰。但人生是输不起的，有些错犯了可以从头再来，可有些过错一旦犯了就会毁了一生的。我们没有拿自己的一生做赌注的勇气，所以宁可费点心，也绝不将自己置身于危险的境地。

谨慎是种心态，是一份“宠辱不惊，看庭前花谢花开；去留无意，任天上云卷云舒”的豁达，是一份不受外界干扰的淡定，是一份坚持自我的执着。浮躁会让人短暂地失去理智，双目被飘过的繁华遮蔽，遗失了自己的真性情；而谨慎却可让人清醒审视形势与处境，选择正确的做法，做无悔的事，巧妙规避风险，在坎坷泥泞的人生道路上也能坦然行走。

人生忠告：

行事之前，年轻人一定要“眼观六路，耳听八方”，将事情从前到后，从左到右，仔细思量一遍；行事之前，初出茅庐的年轻人要集思广益，虚心接受他人的意见，让思想在交流中得到升华；行事之前，年轻有为的我们也要做好最坏的打算，看看这个结果是否在我们的承受范围之内，然后反复地问自己：“这样做，我真的不会后悔吗？”渐渐将这些步骤当作一种习惯，久而久之，你就会养成小心谨慎的性格。很快你就能练就孙悟空的火眼金睛，哪怕是天空中最微小的一粒尘埃，都不能逃过你的法眼。

习惯的力量足以改变命运

“习惯的链条在重到断裂之前，总是轻到难以察觉！”

巴菲特到华盛顿大学商学院做演讲时，有学生请他谈谈自己的致富之道，而巴菲特将自己的成功归结为：“习惯的力量”。

对于巴菲特来说，“三要三不要”是他投资的重要理念。巴菲特指出，三要就是一要投资那些始终把股东利益放在首位的企业；二要投资资源垄断型行业；三要投资易了解且前景看好的企业。三个“不要”在某种意义上更为关键，即不要贪婪，不要跟风，不要投机。这些在多年投资中养成的投资习惯，成了巴菲特成功的秘诀，也是众多投资者一直追捧的投资策略。

一位记者问诺贝尔奖获得者：“你在哪所大学或哪所实验室里学到了你认为最重要的东西？”这位得奖者出人意料地回答说：“是在幼儿园。”记者又问：“在幼儿园里学到了什么？”学者说：“把自己的东西分一半给小伙伴们；不是自己的东西不要拿；东西要放整齐，饭前要洗手，午饭后要休息；做了错事要表示歉意；学习也要多思考，仔细观察大自然。从根本上说，我学到的全部东西就是这些。”这位诺贝尔奖获得者的回答，得到了与会科学家的普遍认同。

人们常说“命运无常”，“成功不过因为幸运罢了”，“吃多少，穿多少，注定的”。事实真是这样吗？其实，所有的成功都可以归结为一种习惯。习惯就是把成功所必需的事情坚持下来，持续每天进步一点点，每次进步一点点，每个环节进步一点点。就是这样，每天都完成一个小目标，再向大目标迈进，假以时日，功到自然成。

福特刚刚大学毕业时，来到一家汽车公司应聘。和他一同应聘的还有3

个人，福特觉得自己没什么希望了，因为这3个人的仪表都比自己好，学历都比自己高。但他又想：既然来了，还是去试试吧，也不枉走一趟。于是，他敲门走进了面试的办公室。

一进办公室，福特发现门口地上有张纸，就习惯性地捡了起来，并扔进了废纸篓里，然后才走到主考官的办公桌前，说："您好，我是来应聘的福特。"

主考官说："很好，很好！福特先生，你已经被我们录用了。"

福特惊讶地说："你还没有对我进行面试，而且前几位应聘者都比我好，我怎么就被录用了呢？"

主考官回答说："前面3位应聘者的确学历比你高，而且仪表堂堂。但是他们谁都没有捡起地上的纸屑的习惯，这从侧面反映了他们不注重细节的性格。良好的习惯是成功的开端，我相信拥有良好习惯的你，一定可以胜任这份工作。"

就这样，福特进了这家公司，不久，这个公司就扬名天下，并改为"福特公司"。福特不仅改变了公司，也改变了整个美国的国民经济状况，使美国的汽车产业在世界上独占鳌头。

英国著名科学家培根，一生成就斐然，曾深有感悟地说："习惯真是一种顽强而巨大的力量，它可以主宰人的一生。"我们无论是研究成功者的成功，还是研究失败者的失败，都可以发现：习惯左右了成败，习惯改变了人的一生。具有良好习惯的人，大则成才，小则成人。

有调查表明，人们日常生活的90%源自于习惯和惯性。我们几点钟起床、几点钟睡觉，怎么洗澡、刷牙、读书、吃早餐……一天之内上演几百种习惯。然而，习惯并不仅仅像日常惯例那么简单，它影响着我们生活的方方面面。毫不夸张地说，好习惯是取得成功最有力的杠杆，而坏习惯则是阻碍成功最顽固的绊脚石。

曾经看过这样一个故事：有个年轻人听说遥远的地方有块"不老石"，于是他不远万里来到海边。为了把检查过的石头和未检查的石头区分开来，他将检查过的石头一一扔进了大海里。年复一年,年轻人已经变成了老人,每天重复不断做的事就是捡起一块石头,看一眼又扔掉。终于有一天,他找到了传说中的不老石,但自己的手却已经不听使唤了,习惯性地将"不老石"也扔进了大海。

如果你习惯了懒惰,那你将一事无成;如果你习惯了逃避,那你将永远学不会担当;如果你习惯了懦弱,那你将永远被人踩在脚下……坏习惯一朝得不到改善,那你就一朝没有出头之日。所以,我们应时刻自我检讨,在一点一滴中,改正那些可能会坑害自己一辈子的坏习惯。

有位哲学家说过:"习惯的养成有如纺纱,开始只是一根细细的丝线,随着我们不断重复相同的行为,就好像在原来那根丝线上不断缠上一根又一根丝线,最后它便形成了一根粗绳,把我们的思想和行为缠得死死的。"习惯驻足在你的灵魂深处,与你形影不离。

人生忠告:

聪明的人,懂得用习惯成就自己的一生,而愚蠢者,只会让习惯毁了自己的一生。思想决定行为,行为形成习惯,习惯决定性格,性格决定命运。要想成功,就一定要养成好习惯,让它为你带来生命的福音。不要在坏习惯的牢笼里,不断地作茧自缚。

保持网络中的安全距离

"当我从电脑旁边走过时,总担心它会咬我一口。"

如果有人说股神巴菲特不懂电脑,相信很多人都会说此人胡说八道,可实际上,最开始时,巴菲特确实视网络为毒蛇猛兽,唯恐避之而不及。比尔·盖茨曾试图劝说巴菲特了解网络,可最终还是没有成功。

"当我从电脑旁边走过时,总担心它会咬我一口。"巴菲特曾经这样说。

不过，巴菲特对网络的这一态度最终还是被奥斯伯格纠正过来了。桥牌是巴菲特最大的兴趣，而奥斯伯格则是两届桥牌世界冠军，她和巴菲特的友谊就是建立在桥牌的基础之上的。奥斯伯格以在电脑上打桥牌为诱饵，成功说服巴菲特在自己家中安装了一台电脑。

走进网络之后，巴菲特发现网络并没有自己想象的那么可怕，通过网络，他可以和全国各地的朋友打桥牌，而且一玩就是几个小时。后来，巴菲特经常在网上看股市，寻找有投资价值的股票，在网络的世界乐此不疲。

走进网络世界，你会发现自己置身于另一个更广阔的世界。在这里，你可以学习、娱乐，甚至创业。宇宙的奥秘是无穷无尽的，对于很多问题，单凭我们个人，就算想破脑袋也想不通。但在网络的大千世界里，万千智慧集于一体，任何问题你都能找到想要的答案。通过网络窗口，你还可以将视角伸向整个世界，古老的埃及金字塔，浪漫之都巴黎，闻名世界的水上城市威尼斯……大千世界，尽收眼底。

劳累了一天之后，你的神经需要彻底放松。打开电脑，痴迷于游戏中，流连于感人的电影情节里，在综艺节目的哄堂大笑中，你忘记了浑身的疲劳，忘记了肩上沉甸甸的负担，这一刻你是无比快乐的。远离现实中各种复杂的关系，对着一个完全不知情的陌生朋友，你也可以尽情宣泄心中的不快和烦恼，由此获得心灵的释放。

有个学生考进了许多人梦寐以求的哈佛大学。如果顺利从这所名校毕业，他可以找到一份高收入的工作。

这位学生从小就对计算机感兴趣，并且在计算机方面很有天赋。他是个天才，13 岁开始编程，并预言自己将在 25 岁成为百万富翁。

他看好计算机行业的相关市场，于是在大二那年向父母提出要退学创业。父母当然不愿意儿子离开哈佛大学，他们认为要创业，毕业之后也可以，没有必要牺牲学业。但是开明的父母不想阻碍儿子的发展，所以他们同意了。

他相信，计算机将会成为每个家庭及每个办公室中最重要的工具，在这种信念的支撑下，这位学生和自己的好朋友办起了公司，开始为个人计算机开发软件。

创业初期很艰苦，资金匮乏，每天的生活除了工作还是工作，一日三餐简单的令人难以下咽。在一次次打击中，与这位学生共同创业的朋友退缩了，退出了公司。

虽然前面的路很难走，但这位学生还是凭借着自己对计算机行业的信心一路坚持下来，并一手打造了自己的软件帝国。

在1995—2007年的《福布斯》全球亿万富翁排行榜中，这个人连续13年蝉联世界首富。他的名字叫做比尔·盖茨，一个代表着成功和财富的名字，一个全世界家喻户晓的名字。

伴随着网络的兴起，很多人都在这里看到了商机。在淘宝网上开个网店，无需太多资金，无需太大的风险，轻轻松松你就圆了自己的老板梦；为自己的公司做个网页，通过网页，千千万万的人知道了你的公司的存在，也因此与你建立了良好的合作关系……在网络这个平台上，任何人都是公平的，只要你有头脑，就能从中分得一杯羹，获得实实在在的好处。

不过，网络的好处虽然数不胜数，但害处也同样令人望而生畏。现在，不少青少年迷失在网络世界里，深陷其中不能自拔。一些迷恋网络游戏的孩子整天坐在电脑面前一动不动，更有甚者，为了在网上寻找欢愉，不惜偷家里的钱或勒索学校的同学。许多原本天真、善良又纯洁的心灵，在网络世界中渐渐变得丑陋不堪。

网络是一个自由的天地，可其中的信息与言论真真假假，让人难辨是非。而且，网络在提供便利的同时，也成了懒惰滋生的温床。遇到问题，不是自己想办法解决，而是动不动就求助于网络，停止了思考的大脑，从此变得迟钝，不会思考。

对待电脑，青年人要学会辩证地看待，它有利也有弊，需要我们自己把握一个尺度。一个理智的人，懂得利用电脑的优势，充实自己的大脑，开阔自己的眼界，让电脑成为提升自己的工具。而不是让电脑完全控制自己的

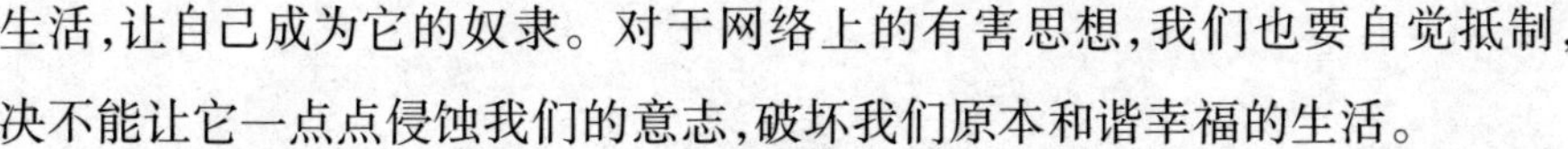

生活，让自己成为它的奴隶。对于网络上的有害思想，我们也要自觉抵制，决不能让它一点点侵蚀我们的意志，破坏我们原本和谐幸福的生活。

人生忠告：

网络是天使，可以让年轻人的精神世界得到提升；但网络也是魔鬼，可让年轻人原本纯洁的灵魂坠入地狱。每个人都想拥有幸福的人生，可这样的人生是需要抵制各种诱惑的。年轻人要学会与网络和平共处，在合理利用它的同时，也抵制其中无尽的诱惑，决不允许它控制我们的心智，阻碍我们的幸福。

思维创造，激发点石成金的魔力

我们都是凡夫俗子，没有魔法，不可能将石头变成金子。可是我们年轻，我们每天都在学习，我们有头脑和智慧，就是点石成金的仙女棒，可以帮我们创造出源源不断的财富。聪明的头脑与高人一等的智慧是天生的吗？当然不是，它们是现实不断积累的硕果，提升自己的思维创造力，让人生处处闪亮。

独立深入的思考是成功的要素

“我的接班人要具备以下3个条件:①要能独立思考;②情绪稳定;③对人类心理及机构法人投资行为有一定了解。”

20世纪90年代,华尔街网络股狂飙,伯克希尔·哈撒韦公司的董事们也蠢蠢欲动,想借此机会分一杯羹。但巴菲特却决定一支网络股都不买,那时他的股东开会指责他,报纸也批评他过时了,不灵了。结果,到2001年时,网络股泡沫出现了,美国股市开始下跌,2003年继续下跌,连续3年股市跌幅超过一半。而在这3年中,巴菲特赚了10%,以60%的优势高于大盘。

在这次全美股票危机中,巴菲特为什么能独善其身呢?这就是思考的结果。“勤于思考,回归理性”是巴菲特的投资之道,他经常强调,投资者首先要学会思考,要有自知之明,知道自己在干什么。在巴菲特看来,他的投资策略具有长期经营的优势,持有那些超级明星公司的股票,才能长期赚钱,而网络公司未来发展的趋势还未可知,并不具备长期竞争的实力。思考了别人没有思考的问题,所以在变幻风云的股市里,巴菲特成了受人膜拜,争先效仿的风向标。

人的一生,应在不断思考中改进,在不断完善自己的过程中走向美好的生活。思考能让人变得聪明,思考能让人变得睿智。一件小事在不善于思考的人看来,毫无意义;而在一个善于思考的人眼中,则可能成为某件发明或某件创作的灵感。任何丰功伟业都是在人的不断思考中完成的,所以人要学会思考。

有一天,牛顿正在苹果树下看书,忽然一个苹果落下来,正好落在他的头上。看着落在地上的苹果,牛顿心想:苹果为什么会落到地上,而不是飞到天上去呢?经过深入研究,反复思考,牛顿从一个苹果掉在地上的启示中

发现了地心引力。

一天深夜,原子物理学的奠基者卢瑟福偶然发现一位学生还在埋头实验,便好奇地问:“上午你在干什么?”学生回答:“在做实验。”“下午呢?”“做实验。”卢瑟福不禁皱起了眉头,继续追问:“那晚上呢?”“也在做实验。”卢瑟福大为恼火,厉声斥责:“你一天到晚都在做实验,什么时间用于思考呢?”

很多时候,人们都在忙碌着,很少拿出时间进行思考,以致思维总是在低水平的层次上徘徊,最终一无所获。这些在生活中不善于思考的平庸者,总是羡慕别人聪明,羡慕别人事业有成,却从不思考为什么自己不能成为顶天立地的人。

也有人在不停地抱怨,为什么我就没有那么好的机遇呢?其实不是机遇离你遥远,是你还没有为机遇的来临做好准备,与机遇擦肩而过。成功是在我们每一天的积累与沉淀中升华出来的,不是靠简单的空想就能达到的。要想取得成功,就要做好准备,每天为着成功的目标而去努力,去思考。

因为思考,鲁班发明了锯,瓦特发明了蒸汽机,爱迪生发明了电灯;因为思考,社会不断以旧貌换新颜,世界变得越来越美好。思考,可以创造一切美的事物,让人在脑细胞的运转中,永葆一双看穿万物的眼睛。

佐罗家有一个苹果园,一家人世世代代靠卖苹果为生。有一年冬天,市场上的苹果严重供大于求,甚至连苹果供应商都不收购苹果了。看着树上即将成熟的苹果,佐罗暗暗叫苦,心想自己必将蒙受损失。

佐罗有个6岁的儿子,十分淘气。这天,他借着阳光用放大镜在佐罗的衣服上写了个字,看着衣服上的字,佐罗灵机一动,急忙让家人用纸剪好“喜”、“福”、“吉”、“寿”等字,然后将这些字贴在苹果向阳的一面。由于贴了纸的地方阳光照射不到,苹果上也就留下了痕迹。例如,贴的是“喜”字,苹果上也就有了清晰的“喜”字。那一年,当别人还在发愁自己的苹果如何推销时,佐罗的苹果早被抢购一空。

到第二年时,别人都学会了佐罗的方法,可佐罗的苹果仍然卖得最火。原来,他又想出了一个更好的点子,即他的苹果可以组成一句甜美的祝福语:“祝您寿比南山”、“祝爱情甜蜜”和“永远想念你”等,人们纷纷购买他的苹果作为礼品送人。

一个善于思考的人总能在关键时,转危为安,化危机为转机。当磨难敲响家门时,我们避无可避,唯一能做的就是想尽一切办法解决。世界上只有想不到的,没有做不到的,只要善于思考,相信你终有“山重水复疑无路,柳暗花明又一村”之感。

爱因斯坦有一句名言:“学习知识要善于思考、思考、再思考,我就是靠这个学习方法成为科学家的。”善不善于思考,是一个人素质能力的体现。一个善于思考的人会对不明白的事进行探索和研究,直至将事情弄得水落石出为止;一个善于思考的人敢于克服束缚思维的条条框框,敢于勇闯观念上的“禁区”;一个善于思考的人绝对不会毫无根据地胡思乱想,而是遵循客观规律,遇事“大胆假设,小心求证”。

人生忠告:

思想决定行动,如果年轻的你正为烦事所扰,想要好好掌控自己的命运,不如从此刻开始,好好思考,每天反省一下自己的生活有哪些不如意之处,想想自己的工作有哪些失误,将思考变成一种习惯,你会从中受益匪浅。记住:思考,实践;再思考,再实践。

扭转乾坤,商机就藏在危机背后

“当别人贪婪时我们恐惧,当别人恐惧时我们贪婪。”

2003 年 4 月,当某些西方人把陷入 SARS 瘟疫困境中的中国视为“自成吉思汗西征以来的第二次横祸”而拒之门外时,巴菲特斥资 38 亿港元,收购中国最大能源公司中石油 H 股 13.39%,成为中石油仅次于中华人民共和国中央人民政府的第二大股东。这次,巴菲特又看到了危机中的商机,成了股

市的赢家。当他清仓中石油股票之后,获利277亿港元。

对于巴菲特来说,危机就是商机,在股市低迷时,他总会有大的手笔;但股市太平时,他似乎就没什么事可做了。

我们讨厌生活中的变数,讨厌危机降临在我们的头上,在一般人看来,危机就代表着威胁和损失。的确,2008年一场经济危机,美国金融市场瘫痪,中国中小企业倒闭,英国失业人口剧增,损失难以预计。不过,如果我们细心的话仍能看到,在这场危机中,不少企业或品牌不仅没有受到影响,反而脱颖而出,成功地变危机为商机。

如果下雨,雨伞肯定好卖;如果发生了战争,药物肯定紧缺;如果发生了干旱,粮价肯定会上涨。其实,"危"和"机"是并存的,有"危"必有"机",只要能够抓住机遇,看出商机,就一定能从中赚取不菲的利润。

美国有位经营肉类食品的老板,在报纸上看到一则毫不起眼的消息:墨西哥发生了类似瘟疫的流行病。他立即想到墨西哥瘟疫一旦流行起来,一定会传到美国来,而与墨西哥相邻的美国的两个州是美国肉食品的主要供应地。如果发生瘟疫,肉类食品供应肯定会紧张,肉价定会飞涨。于是,他先派人去墨西哥探得真相后,立即调集大量资金购买大批菜牛和肉猪饲养起来。过了不久,墨西哥的瘟疫果然传到了美国的这两个州,市场肉价立即飞涨,时机成熟了,他趁机大量售出肉牛和猪肉,净赚了百万美元。

在20世纪30年代经济危机爆发时,面对经济萧条,人民购买力下降的困境。上岛咖啡发现,即使在经济危机时期,人们最想做的不是天天愁眉苦脸面对没有希望的生活,而是希望给自己一个休息的空间,一份看似体面的生活。根据这个发现,上岛咖啡决定不是缩减规模,而是扩大发展。装修典雅、服务优良且环境温馨的上岛咖啡馆,给了人们心灵休息的空间,三五成群的朋友,谈恋爱的情侣,经常光顾上岛咖啡馆,尽管价格不菲。上岛咖啡的生意不但没有受到影响,反而大增,也因此成为家喻户晓的品牌。

事物之间是普遍联系的,机会就孕在这种联系之中,不过并不是所有人都能抓住其中的商机,这需要眼光,更需要商人特有的敏感性。真正善于经商的人,稍有风吹草动,就能敏锐地察觉到发财的机会来了。所以对于危机,他们从来都不会害怕,而是坚持以不变应万变,准备在危机到来时大干一场。

1988 年 4 月 27 日,美国波音 737 飞机从檀香山起飞不久即发生事故,飞机的部件爆炸,机舱地板严重变形,然而驾驶员还是把飞机降落到附近机场上。机上除一名空姐殉职外,其余人员和乘客无一人伤亡。

对这起本来影响声誉的空中大事故,波音公司的做法是抓住事故,作正面文章。他们在事故调查答辩词中解释:这次事故主要是因为飞机太旧,金属疲劳所致。这架飞机飞行了 20 年,起落 2 万多次,大大超过了保险系数,而飞机在空中出事后仍然平安生还,这也说明波音公司的飞机是过硬的。

通过宣传,波音公司的形象并未受到损害,反而声誉更高,赢得了广泛的市场,订货量猛增,仅 5 月份一个月的订货额就高达 70 亿美元。

一位著名的经济学家说:“在最黑暗的时候,更应该睁大眼睛,因为这时往往蕴含着更大的机会。”我们要怎样做,才能抓住黑暗中的机会呢?这种能力并不是所有人都具备的,只有那些具备深厚的专业知识、头脑灵活且具有敏锐眼光的人才具备这种能力。所以,我们要想发现危机中的商机,还要从自身开始,加强自己各方面的素质,这样机会来临时,当他人还来不及反应时,你已经从中获利了。

人生忠告:

巴菲特告诉青少年,危机对平庸者来说是灾难,对勇敢者来说却是福音,虽然现在我们还未走入社会,但我们要明白,未来是变幻莫测的,但同时又是有根可寻的。

不管是在生活还是在学习中,当危机无可避免时,千万不要恐慌,闭上双眼,用心看看四周,冷静观察一番,商机正等着你将它捡起。要坚信,以你的智慧足以掌控一切。

胆识过人,投资靠的是勇气

“如果你发现了一个你明了的局势,其中的各种关系你都一清二楚,那你就行动,不管这种行动是符合常规,还是反常的,也不管别人赞成还是反对。”

1989年,可口可乐公司面临饮料被召回、口味转变、外国政府的抵制及国际反美主义浪潮等一系列问题,导致股票猛跌。就在所有人都对可口可乐丧失信心时,巴菲特做出了人生最大胆的一次投资,他花10.2392亿美元购买了可口可乐4670万股股份。

对于巴菲特的这一举动,许多业内人士称为疯狂的冒险,不过事实证明,这次投资是巴菲特最传奇且最成功的股票投资案例。

1991年,可口可乐的股票已经升值到了37.43亿美元,是巴菲特购买时的2.66倍,这个成绩让当时很多不看好可口可乐的人目瞪口呆。巴菲特在伯克希尔1991年年报中高兴地说:“3年前当我们大笔买入可口可乐股票时,伯克希尔公司的净资产大约是34亿美元,但是现在光是我们持有可口可乐的股票市值就超过这个数字。”到1997年年底时,巴菲特持有的可口可乐股票市值上涨到133亿美元,仅这一支股票就为巴菲特赚取了100亿美元。

时至今日,巴菲特的这一漂亮手笔,依旧是华尔街津津乐道的话题,所有热衷于投资的人,都对巴菲特当时的勇气佩服得五体投地。

巴菲特虽然崇尚保险投资,但他也认为投资是需要勇气的,尤其是在金融危机时,勇气是无价的。

每个人都希望自己在投资领域一帆风顺,可是周围无数失败的例子告诉我们,投资一旦失败,有可能会因此而倾家荡产。所以,许多农民宁愿守着几亩薄田，靠着微薄的收入过日子，也绝不踏进投资领域；工人在工地上累死累活，也从没有过自己做老板的念头。

现代的年轻人生活得很累，因为他们的挣钱速度赶不上花钱的速度，总是今天将明天的钱花光，明天又将后天的钱预支。安心守着一份工作，永远都会为生活所累。聪明的人知道，投资是致富的必要手段，是减轻生活负担的一条捷径。

艾伦的爸爸年轻时投资失败，家庭因此陷入严重的负债中。时隔多年之后，全家人辛辛苦苦，终于还清了债务，但是从此对投资免疫。他们各自守着一份不多的收入，虽生活的并不富裕，但至少没有欠债的危险。

有一次，艾伦的表姐告诉她，她的邻居因举家迁到国外，想低价把房子卖掉，而且她得到可靠消息，政府马上就要对那座房子所在的位置进行开发，到时候房价肯定会上升，艾伦现在买的话，一定能大赚一笔。

表姐的话让艾伦很动心，不过艾伦生活并不富裕，如果要买那座房子的话，需要向朋友借一大笔钱，而且父亲的前车之鉴令她不敢涉足投资，所以她回绝了表姐的好意。

一段时间之后，政府要开发那片土地的文件正式公布了。一时间，附近的房价飞涨。这时候，艾伦看到了其中的好处了，急忙向表姐打听那座房子是否已经卖出。表姐很无奈地告诉艾伦，房子已经卖出去了。

知道自己错过了一个千载难逢的投资机会，艾伦十分自责，她恨自己不敢投资，恨自己没有做大事的魄力。

回首以往岁月，你是否曾因没有勇气而错过了许多好的投资机会，是否财富曾敲响了你的门，你却避而不开？好的投资机会是可遇而不可求的，错过了这一次，就不再有下一次。所以，当遇到好的投资机会时，千万不能患得患失，因为害怕失败而拒绝。如果认真考虑之后，你依旧认定自己可以从中受益，不如为自己和家人，勇敢一次。

投资需要勇气，但这种勇气是建立在事实的基础上的，如果你听风就是雨，总是不加考虑的盲目投资，那投资对你而言，不是良药，而是毒药。所以

在投资之前,一定要小心再小心,谨慎再谨慎。

德比夏尔原来是做豆芽生意,但他总觉得不满意,因为做豆芽生意实在太辛苦。他看到邻居是跑客运的,没几年工夫就成了小镇的首富,十分羡慕。于是,他决定用多年的积蓄买车跑运输。

可是客运生意并不像他想的那样好赚钱,不但竞争激烈,收费众多,还有地痞捣乱,整天还担心出车祸,即使随便修一下车都要数千元。一年下来不赚反亏,最后只得将车卖掉,重新回家卖豆芽。

等他卖了车之后,他的那位邻居才在一次酒后吐露玄机:“做生意都是有窍门的,我那几辆车是人家企业改制时几乎按废铁价买来的,还有我的亲戚全是跑客运的,这方面人头熟,自然能省去不少开支,连修车我们都有专门的厂房,生意当然能做大了。像你那样实实在在做生意,很难赚的。”

邻居的一番话让德比夏尔开了窍。此后,他专心做老本行,根据自己多年做豆芽的经验,开发出特色豆芽产品,专门针对大型酒店高价供货,并采用先进的设备扩大再生产。没几年就建立起自己的种植基地和加工厂,产品甚至出口到国外。

投资是有危险的,没有人能保证稳赚不赔,天时、地利与人和是你不得不考虑的因素。同样一件事,别人能做好,你未必能做好;别人可以赚钱,你可能就会赔钱。

人生忠告:

青少年朋友们,如果手中有多余的钱想尝试投资和理财,在学习巴菲特的投资精神时,还要多听取别人的意见,仔细考虑之后,最终鼓足勇气,果敢地去尝试,做出最正确的投资选择。

巧用价值的转换,获取更大的利益

“要学会以40美分买1美元的东西。”

16 岁那年,巴菲特和一位比他大一岁的同学唐·丹利共同出资 350 美元,购买了一辆 1928 年生产的劳斯莱斯轿车。要知道,劳斯莱斯可是全球豪华车中的豪华车,全部零件都是手工打造,只为皇室、贵族、高官及富豪们订制。在这个难得的奢侈品面前,巴菲特又看到了发财的机会。

这辆车是在一个废品旧货站发现的,而且是作为废铜烂铁出售的,它作为交通工具已没有什么价值,但是经巴菲特和唐·丹利修理之后,价值就不一样了。这对好朋友将修好的车对外出租,租金为一天 35 美元。果然,高级的劳斯莱斯成了人们的抢手货,巴菲特和他的朋友也因此赚了不少钱。

霍华德虽然没有走巴菲特投资的老路,但经营农场的他,其实也是在经商。作为一个身经百战的商人,巴菲特知道如何才能盈利,如何才能使利益最大化。

一个精明商人的眼光,与普通消费者不同。在消费者眼中,苹果就是苹果,但在商人眼中,却可以是苹果干、沙拉,甚至是圣诞礼物;在消费者看来,电脑只供娱乐,但在商人看来,却可以利用电脑做广告、弄网页、开网店,甚至赚足名气。就像杨梅一样,从不同的角度看,它的形状是不一样的;商品也是如此,换一种思维,它也会有截然不同的价值。人能不能在商业上有所作为,关键在于事物在你眼中的价值是多少,你否够成功转换它的价值。

体力不再是现代社会发财致富的资本了,在脑力高度发达的今天,只有体力没有智力的人注定要被人掌控。

1974 年,美国政府决定翻新自由女神像,由此产生了一大堆垃圾。为了清理那些垃圾,政府向社会公开招标。但好几个月过去了,还是没有人应标。

一位正在外地的犹太人听说这件事后,连忙赶回纽约找到当地政府部门,未提任何条件就与政府签订了协议。

很多人都觉得不可思议,因为政府开出的价钱很低,而且纽约市对垃圾

的处理有着极为严格的要求，在垃圾处理时，稍有不慎，就会被处以巨额罚款。

犹太人组织工人对废料进行分类。他让人把废铜熔化，铸成小自由女神像，把木头加工成木座，废铅和废铝做成纽约广场的钥匙。最后，他甚至把从自由女神像身上扫下的灰尘都包装起来，出售给花店。

不到一个月的时间，这位犹太人让这堆废料变成了400万美元，每磅铜的价格整整翻了上万倍。

这时，原来准备看这位犹太人笑话的人都后悔万分，责怪自己头脑不够灵活，错失了赚钱的大好机会，同时也不禁对这位犹太人刮目相看。在他人敬佩的眼神中，犹太人想起了自己小时候和父亲来美国做生意的经历。

到美国不久后的一天，犹太人的父亲问他每磅铜的价格是多少？他答40美分。父亲说："对，整个美国都知道每磅铜的价格是40美分，但作为犹太人的儿子，你应该说4美元。你试着把一磅铜做成门把手看看。"

10年后，父亲死了，这位犹太人却已经成为一家公司的董事长，而他成功的原因就是父亲教会了他用全新的思维看待事情，从另一个角度创造财富。

大家公认，犹太人是世界上最聪明的人，他们擅长经商。犹太人一代又一代的传统，使他们能看到其他人看不到的价值，能依靠头脑赚取全世界的财富。即使1磅铜的价格只有40美分，他们也会想尽一切办法，使它们的价值扩大到4美元，甚至40美元。

"错了位置的财富"，如果它在一个位置上没有价值，那换一个位置，是不是就不一样了呢？我们知道，将中国的钢铁运到日本，价值可以上涨一两倍；将法国的葡萄酒运到韩国，价值可以上涨三五倍；20年前的老报纸，作为阅读材料已经没有了任何意义，但如果将它作为怀旧礼物的包装纸，价值却可以上涨几十倍。

人生忠告：

青少年要有一双善于发现的眼睛，能够透过表象看透这个价值至上的世界，那你就可以成为第二个巴菲特，第二个比尔·盖茨，变得比犹太人更聪明，更具有智慧。

参考文献

[1]德群.巴菲特投资思想大全集[M].北京:中国华侨出版社,2011.

[2]罗杰·洛温斯坦.巴菲特传:一个美国资本家的成长[M].北京:中信出版社,2010.